大是文化

麥肯錫問題分析與解決技巧

為什麼他們問完問題，答案就跟著出現了？

問題解決のセオリー——論理的思考・分析からシナリオプランニングまで

麥肯錫系列暢銷書作者
高杉尚孝——著
鄭舜瓏——譯

CONTENTS

CONTENTS

Part 2 情境分析，提升決策品質

CONTENTS

Part 3 麥肯錫的強項：分析

CONTENTS

CONTENTS

推薦序一

多數人解決問題的能力，通常不及格

M觀點知識頻道創辦人／Miula

有一句職場名言是這麼說的：「公司花錢請你來，是請你來解決問題的。」**在工作上，解決問題可說是所有做事能力中最重要的一種**，特別是對於白領階級、知識工作者以及主管階級而言。只會處理例行性事務，很難在職場中脫穎而出，只有具備解決問題的能力，你才能成為公司不可或缺的人才。

然而很不幸的，在我的個人經驗中，大多數的上班族在解決問題的能力上，通常都不及格。許多工作者很擅長指出現在的問題，卻無法提出一個有效且可行的解決方案。另外一種常見的情形是，有些人很擅長解決某類型的問題，但遇到完全不同面向的問題時，也只會用原本的那招來嘗試，結果當然是徒勞無功，浪費了寶貴的時間與資源。

這其中的關鍵在於，很多人即使知道解決問題的能力很重要，但卻沒有真正學習過這門技術，因為學校沒有教，公司的前輩或主管也未必會教，所以即使知道這能力很重要，實力卻無法跟上。其實，解決問題的能力絕非天生的，可以後天學習，而高杉尚孝的這本書，正是一本問題解決力的最佳教材。

我個人特別喜歡本書中，關於情境分析的部分。很多人在嘗試解決問題時，往往忘記外部環境與未來趨勢其實很可能產生改變，導致他們做出一些現在看起來很正確，但一旦情境產生變動時，就變成錯誤的決策。

商業世界其實是一個動態賽局，如果看不清楚全局，只看到部分的資訊就做出決策的話，那是非常危險的。情境分析的技術與思維，可以讓你在面對問題、提出解決方案時，能夠做出面對各種外部變化、更高品質的決策。

如果你想要學習上述能力，我認為這本書非常適合你。高杉教授將麥肯錫處理狀況時的思維跟做法，完整的整理在書中，使得這本書成為非常好的學習指南。我相信對於所有職場工作者來說，花時間好好讀完這本書，絕對是值得的。

推薦序二

為什麼領低薪的是我？問題在於「問錯問題」

「放棄22k，蹦跳新加坡！」版主／**艾兒莎**

「人生現在所有的狀態，都是過去的大小選擇而成，相信我，連你今天幾點吃飯、吃什麼，明天去哪裡，都是關鍵。」這句話在幾年前，我懵懵懂懂的剛到新加坡時，聽起來覺得有點誇大。但這是當年我在新加坡抱怨自己「懷才不遇」時，一個新加坡上市公司老闆跟我講的話。

那時候，我剛到新加坡努力奮鬥，卻不知道一團混亂的人生，怎麼可能會有希望。直到我慢慢摸索並看懂，原來生命雛形是我的思想與選擇的原型。

想通了以後，我開始瘋狂閱讀，希望能補救過去大學四年的翹課與迷惘。我當起了啃書族，但啃的不再是言情小說或是翻譯文學，而是跟邏輯有很深度關係的書。因為只有看了那些與思考相關的書，我才像找到處方箋一樣，能找出自己全身上下「病徵」的根本。

為什麼領低薪的是我？

為什麼我很努力的加班、聽老闆的話，還是不能加薪？

為什麼我學了一輩子的英文，競爭力還是比不上新加坡的年輕人？

如果我為了解決這些身上的「病徵」，而直接找對應的答案，可能只能看到一大堆新政令或是教育制度的微調，但這些治標不治本的答案，其實跟我一點關係都沒有。所以，找不出對的答案，根本不意外。跟書中所說的一樣，我連問題都問錯、連找出問題的能力都沒有，如何談解決方案？

書中有段話讓我感觸很深，我們從小就習慣找答案、回答問題，因為父母會出題目、老師會給考題，教育制度中所有的分級方式，也是出考題。直到有一天，我們進入社會，沒有人再給我們出題目時，「找出問題」與「期望有答案的問題」，只能靠自己的經驗累積，慢慢尋得出路。

看完了這本書，反而該問：「為什麼我只能領低薪？」並藉著書中非常精確的分類，去歸納、思考問題。其實這些步驟與解析能力，必須經年累月的累積與練習，才能得到一個方法。然而這本書令我相當驚豔，因為它簡單又白話的列出本質思考，以及邏輯思考的節奏與程序。

這看似簡單的架構，其背後隱藏的思考能力，實在讓我想放在手邊，不只是遇到創業問題與生活難題時能一讀再讀，更是我在邏輯演練時的必看之書。

我相信這本書，不只是有問題的人該讀，而是每一個想要讓自己更好的人，都該認真閱讀的一本書。

前言
讓分析與解決成為你的強項

這是一本專為商務人士設計，以提升分析與解決問題能力的指南。

無論你是一般職員或是高層管理職，無論你在組織中擔任什麼職務，分析與解決問題的技術已是置身商場不可或缺的核心技術之一。本書在邏輯思考的基礎之上，建構出一套體系，從理論和實務兩方面來說明解決問題的技巧，以及在背後支撐它的分析技術。

本書的舉例範圍廣泛，從日常生活中的大小事到企業策略都包含在內。我希望從「學得問題解決的本質」這個觀點起步，然後擴大應用範圍。撰寫本書的目的，是希望初學者看了簡明易懂，高手看了很有收穫。

圖表0-1 解決問題的基本步驟

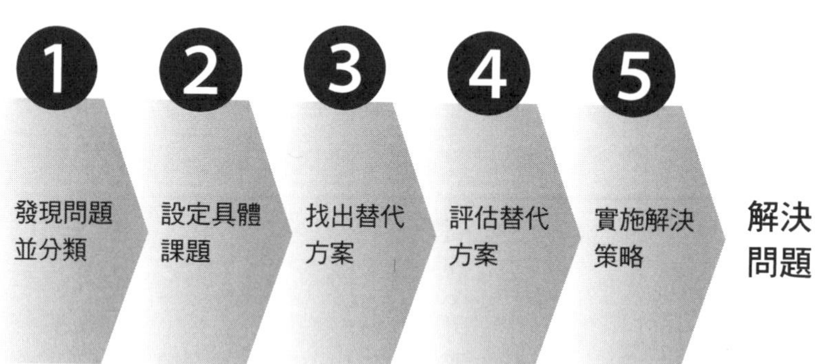

本書提出的解決問題手法，分為五個步驟（見圖表0-1）：

①發現問題，並將問題分類。

②將問題轉化成具體的課題。

③找出解決課題的替代方案。

④運用適當的基準，評估每項替代方案。

⑤選出最適切的解決方案，並採取行動。

由於所採取的行動將波及到未來，而且解決方案的效果很容易受到環境變化的影響，因此特別提出

「情境分析」這種評估解決方案的手法，以強化第四個步驟。

發現問題最為關鍵

步驟本身很簡單，但解決問題的路途卻很遙遠。特別是**發現問題**以及**設定課題**的過程非常重要，其原因在於，如果我們連問題的存在都沒發現，等於尚未站在思考解決策略的起跑線上，而且在發現問題的同時，我們還要確實掌握問題的類型，才能夠確定解決問題時的核心課題領域。設定課題以及限定分析領域的結果，決定了我們所界定的解決策略範圍。簡單來講就是，**能否順利解決問題，取決於課題設定的優劣**。

在實務上，我們要處理的課題多半是已被決定的具體課題。但有時候，它不一定值得我們撥出寶貴時間去解決。還有另一種情況是，我們在沒有獲得客觀事實的狀況下，便被要求要主動發現問題。無論是面對課題時囫圇吞棗、只顧拚命找出解答，或是在被交付課題之前完全不採取任何行動，採取這兩種態度的人，都稱不上是明智的問題解決者。

在本書的前半段，我根據這五個步驟，解說問題的本質、分類、解決過程，幫助你掌握「問題解決技術」的全貌。在後半段，我說明「情境分析」的技術，希望藉此提升解決問題的質量。最後，由於分析力對於解決問題很重要，因此我介紹能增強分析力的架構（見圖表0-2）。**而且，我從「解決問題不僅是一種技巧，同時也是思考事物的方法」這個觀點，進行歸納，介紹能培育出分析與解決問題能力的正確心態。**

本書能夠順利完成，其最重要的養分，是來自我在麥肯錫公司從事管理顧問工作的經驗。透過分析發現問題，進而解決問題，向來是麥肯錫公司的強項。我有幸能和東京與紐約辦公室的同仁共事，這段歷練是我極為貴重的資產。

在資訊顧問公司擔任危機管理顧問所累積的經驗，也幫助我完成本書。當然，在賓州大學華頓商學院取得企業管理碩士（MBA），在阿爾伯特．艾利斯（按：Albert Ellis，為美國知名臨床心理學家，創立理性情緒治療法）研究機構接受的心理治療訓練，以及在石油公司與投資銀行從事的業務，都是本書的重要參考依據。此外，我在經營事務所和指導眾多企業研修上的實際經驗，也是撰寫本書的材料。

圖表0–2 解決問題的示意圖

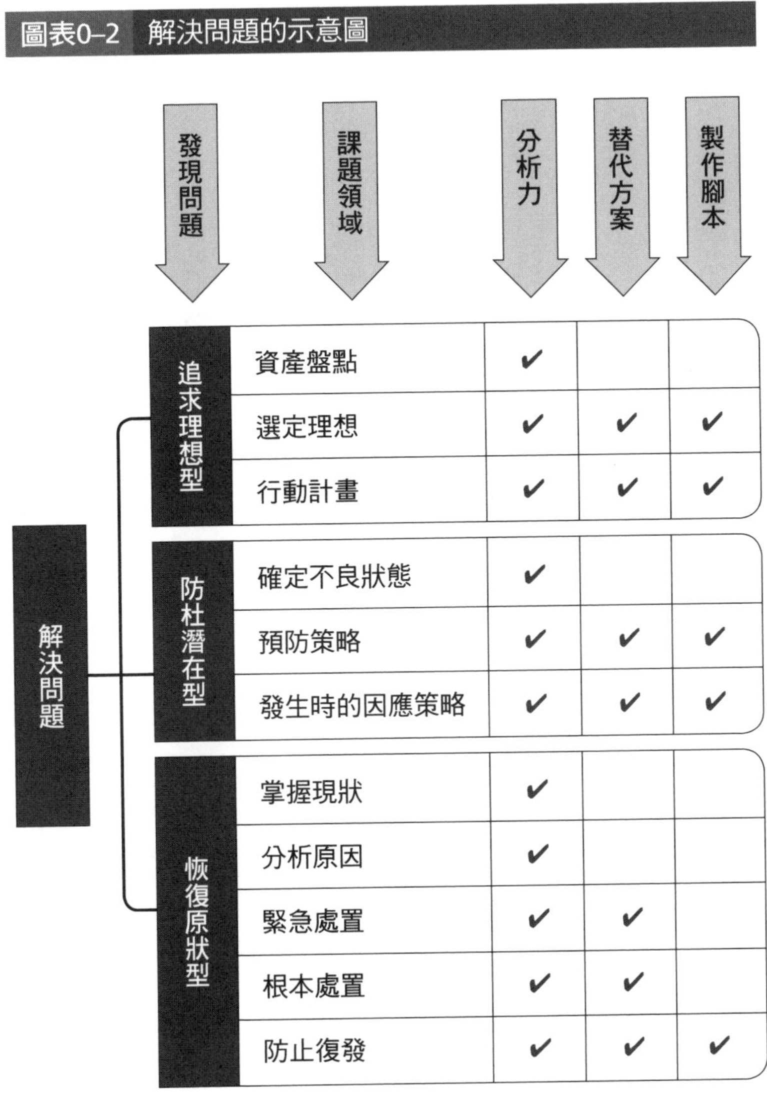

＊此示意圖為本書解決問題的總架構，詳細內容請參見各章。

雖然篇幅有限，但是我希望能透過本書將這套技巧分享給讀者。讀完本書後，一定能夠大幅提升分析與解決問題的能力。

最後，我要向日本經濟新聞社的堀江憲一先生和其他職員致謝，他們對於本書的執筆及出版，幫助甚多。

Part 1

從發現問題
到想出解決策略

第1章

如何掌握問題

- 問題的本質就是「有了落差」
- 問題分成三種類型
- 哪個問題先解決？決定優先順序

問題的本質就是「有了落差」

■所謂「問題」，就是「必須被解決的課題」

儘管事情的重要性與緊急性有所不同，但是我們身邊隨時都存在著無數的問題。例如：

「如何開發出暢銷商品？」
「明天的會議要請誰主持？」
「如何搶回失去的市場？」
「怎樣才能減少流通成本？」
「如何讓經營團隊批准投資提案？」

然而，所謂的「問題」到底是什麼？它可以是莎士比亞名劇《哈姆雷特》（*Hamlet*）中出現的艱難疑問：「是生？是死？這就是問題所在。」（To be or not to be, that is the question.），也可以是日常生活中的小事：「今天午餐吃什麼？」

在無數的「問題」當中，有一個共通點，那就是我們必須決定如何擬訂解決策略，並且付諸實施。換句話說，所謂「問題」都包含了一個面向：存在單一或複數的課題（Question），必須擬訂策略並且解決。

以哈姆雷特為例，他「必須擬訂解決策略，並付諸實施去解決的課題」，就是「是生還是死？」這個二選一的提問。因此，他的解決策略要在決定了是生還是死之後，才能夠實施。至於「午餐吃什麼」的問題，解決策略是先衡量自己的荷包，並從菜單中選擇自己喜歡的食物。在這種情況下，問題將在做決定的階段之前，就被去除或是解決。

儘管這兩種問題的分量不同，但解決流程都相當類似。大家可以想想，你在生活中碰到的問題是否不斷的要求你，必須找出解決策略並付諸實施？

■「解決」的意思是：做了決定便難以撤回

通常，我們實施一項解決策略時，常會伴隨著無法輕易撤回的必然結果。哈姆雷特一旦死了，就難以復生。午餐的問題也一樣，吃了牛肉蓋飯後，才後悔應該點拉麵，為時已晚。不過，與哈姆雷特的例子不同的是，只要你還活著，可以選擇晚上再吃拉麵。

再者，假如某家公司為了擴大營業額，於是增設生產線，然而在別家公司也隨著增產之後，該公司的營業額卻不如預期多。如此一來，該公司雖然增加了生產線，卻面臨不得不降低運轉率的窘境。增設生產線的花費不是一筆小數目，大額投資意味著挹注了大筆現金。即使生產過多而賣不完，也很難撤掉生產線。

我想大家都很清楚，持有閒置資產對企業是多麼大的負擔。正因為做出決定就難以撤回，所以必須尋求正確的解決策略。

■問題的本質是期望與現狀的落差

現在我們知道，問題是必須擬訂解決策略並付諸實施去解決的課題，然而「問題的本質」到底是什麼？

哈姆雷特的課題是「生還是死？」，也就是被迫從這種相互排斥的選項中做決定。因此，我覺得「問題的本質為何？」的答案，就在他的臺詞中：

是存在還是消亡，問題的所在；
要不要衷心去接受猖狂的命運，
橫施矢石，更顯得心情高貴呢，
還是面向洶湧的困擾去搏鬥，
用對抗把它們了結？

（按：引自孫大雨所翻譯的《哈姆雷特》，一九九九年由聯經出版。）

由此看來，哈姆雷特期望的生存之道，是能夠「更顯得心情高貴」。於是，他的

圖表1-1 問題的本質

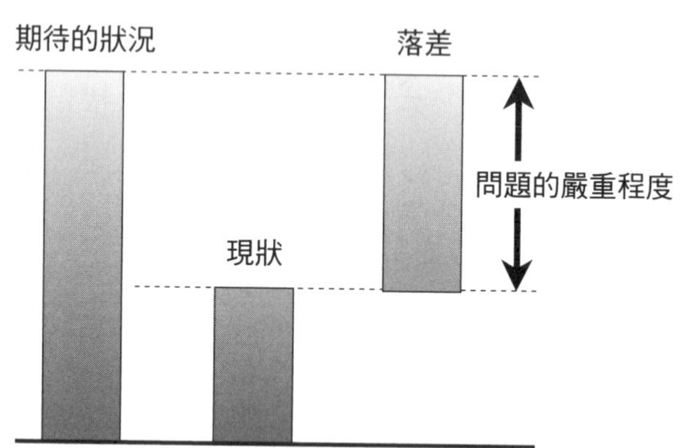

現狀與期待之間有了乖離和落差（見圖表1-1）。而消除這段落差的解決方案，就是「是生還是死？」（提問）。

午餐問題的本質，也在於「落差」

回到剛才的午餐問題，主角在白天時覺得肚子餓，為了解決空腹這個現狀，希望讓肚子恢復適度的飽足感。在這種情況下，「適度飽足狀態」的期待與「空腹狀態」的現狀之間有落差。然而，更可以解釋為，主角希望達到一舉兩得的理想目標，也就是既然要吃，還不如從菜單中選出一個滿足度最高的選項。

因此，「問題」就本質而言，是指**期待的狀況與現狀之間的落差**。舉例來說，某家公司在業務上出現一個問題：A產品的形象越來越差。這表示公司憂心，對A產品所期待的形象與現狀之間產生落差。再舉個例子，以度假飯店來說，當空房率居高不下被視為一個問題時，這意味著飯店所期待的空房率與實際狀況不同。

在此，我請問各位，你們的問題是與什麼樣的期待狀況產生了落差？

■問題具有兩面性

順著這個方向思考下去會逐漸發現，原來問題具有Problem和Question兩面性。所謂「問題」，除了現狀與期待之間的落差——Problem之外，還有另一個面向，就是Problem所延伸出來的課題——Question。

因此，解決問題的作業流程應該是：先發現與期待產生落差的Problem，然後選定作為具體課題的Question，並找出作為解答的Answer。

因此，在本書中，我用「問題」來表示期待的狀況與現狀之間的落差，用「課題」來表示追求答案的提問。附帶說明，「課題」翻譯成英文時，一般比較常用 Issue 而非 Question。

問題分成三類，課題各有不同

我先說結論。問題（即期待的狀況與現狀之間的落差）可分為三種類型：「恢復原狀型」、「防杜潛在型」、「追求理想型」（見圖表1-2）。這些都只是原型，當我們實際處理問題時，大多數的情況都混和了這三種類型。

另外，在課題（即必須解答的提問）領域中，包含「掌握現狀」、「分析原因」、「預防策略」、「發生時的因應策略」、「防止復發策略」、「選定理想」等。如果你問我哪一種課題領域最重要，我會說因問題類型而異。另外，在這些課題領域裡，時時都要設定更具體的課題。

圖表1–2 問題的類型

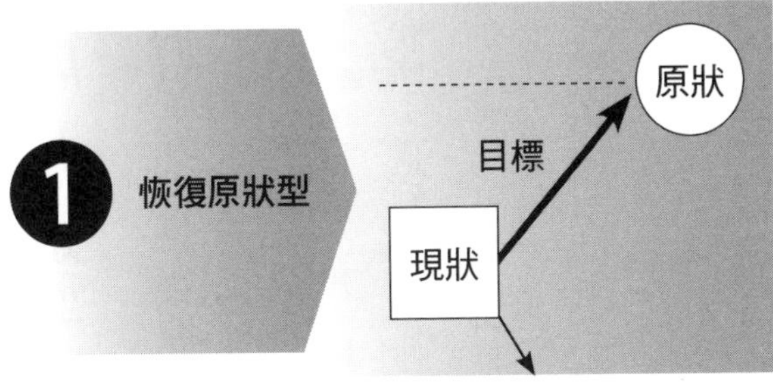

不良狀態已經顯露出來。
解決方法為恢復原狀。

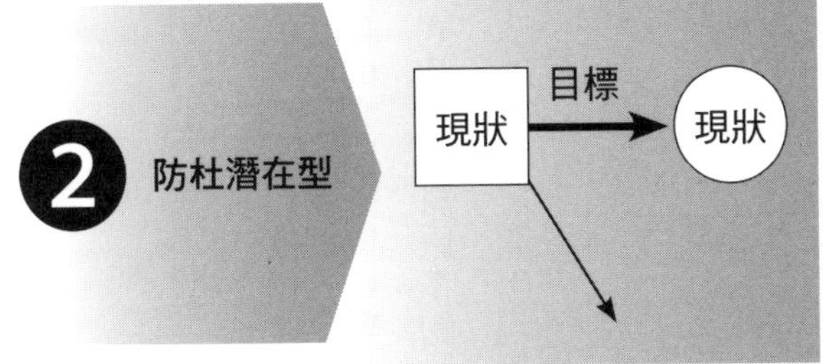

擱置不管會發生不良狀態。
解決方法為維持現狀。

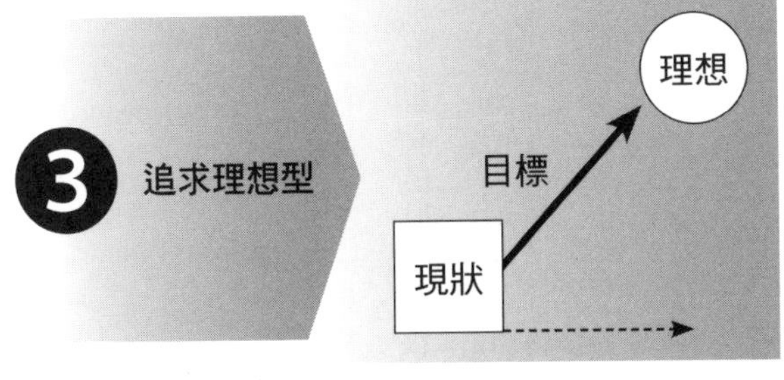

現狀並沒有大礙，但希望追求理想。
解決方法為達成理想。

＊粗箭頭為各問題類型之目標；細箭頭與虛線箭頭為若擱置不管之狀況。

問題分成三種類型

■從目的區分：恢復原狀型和追求理想型

一般而言，問題可以區分為兩種類型：以**恢復原狀**為目標，以及以**提升現狀達成理想**為目標。這種分類方法是用目的來區分問題類型。「恢復原狀型」是指恢復成原本的狀態，遇到這種類型的問題時，要將原本的狀況視為期待的狀況。恢復原狀型問題的思考方式是，現狀與過去的狀況之間出現落差，要從落差中找出問題。

例如：

「市占率與去年同期相比少了五％。」

「手錶電池沒電，因此不動了。」

「管銷費用在最近幾個月逐漸攀升。」

「因憂鬱症而長期停職的員工人數，比去年多出一倍。」

「自行車的輪胎破了。」

如果這些狀況被視為問題，那麼說出狀況的人便發現了恢復原狀型的問題。其原因在於，我們可以推測，他們將惡化之前的狀況假定為期待的狀況。因此，解決這種問題時，必須將現狀恢復成以前的水準。簡單的說，就是恢復原狀。

以上述的例子來說，手錶沒電了，就去鐘錶行換電池。想修好自行車的破胎，只要去自行車行拜託老闆修理即可。但是，其他的問題就沒那麼簡單。如果以為恢復原狀是比較容易解決的問題，很可能會吃到苦頭，因為形成問題的原因很複雜，其中包含了自己無法掌控的複雜因素，例如環境的結構性變化等。

■追求理想型的目標在於提升現狀

追求理想型問題之所以發生，是因為現在的狀況未達期待。因此，追求理想型問題的思考方式是，雖然目前沒有重大損害，但由於現狀未達期待的狀況，於是把它視為問題。例如：

「明年度的目標是，希望營業額可以成長七％。」

「我想住更高樓層的房子。」

「我希望能擠進大學生最想進入的前五大企業工作。」

「在處理事務工作上，我希望能再減少三個小時。」

「我希望能在近期內購買新型的車子。」

以上的例子都是目前沒有立即的損害，但是這些想法都認為現狀不如理想，並將其視為問題。這些例子將理想與現狀的落差視為問題，屬於追求理想型問題。

這個類型的困難之處在於，你的理想狀況設定在哪個位置。設定得太高，有些人可能還沒開始努力就放棄了。反過來說，如果設定得太低，則無法激發出挑戰的幹勁。

■用顯在或潛在的觀念來區分問題

除了用目的來區分恢復原狀型和追求理想型這兩種問題，還可以將「顯在或潛在」這種時間上的觀點，當作分類問題時的切入點。所謂「顯在型問題」，是指眼可見其形、或大或小、已發生不良狀態的問題。如果我們現今觀察到的問題，例如「營業額減少」、「成本攀升」、「離職率上升」等，**出乎原先的預料之外**，那麼這些已發生不良狀態的問題，都稱作顯在型問題。

另外，所謂潛在型問題，是指現階段並未發生損害，但未來可能越來越明顯。舉例來說，從歷史的角度來看，日本的銀行業在戰後很長一段時間裡，將相關規定和業務領域界定得很明確。都市銀行、長期信用銀行、信託銀行、地方銀行，以及其他與地方關係密切的中小金融機構等，全都嚴守規定，在各自的領域中經營（按：金融機構是指從事金融服務的企業或單位，例如銀行、證券公司、信託投資公司、農漁會信用部等）。

對於置身業界的企業而言，回顧歷史可以發現，金融自由化所造成的藩籬撤除，以及全球化所引發的激烈競爭，都是過去的潛在型問題在現今顯在化（按：指越來越明顯）了。

潛在型問題未必都會像上述例子一樣，影響整個業界。舉例來說，某家公司打算在室外舉辦創業紀念派對，當天可能會發生諸多潛在型問題，例如「主賓突然無法出席」、「下雨」、「出席者過多（或過少）」等。

■結合目的和時間，將問題類型化

根據上述分析，我們可以根據問題的目的和發生時間，將問題區分成三種類型：恢復原狀型、防杜潛在型、追求理想型（見圖表1-3）。

①恢復原狀型問題：在大多數的情況裡，不良狀態已全部顯在化，因此恢復原狀型問題可說是等於顯在型問題。

②防杜潛在型問題：因為是目前並無大礙、但將來會發生不良狀態的問題，所以若以目的做區分，可視為恢復（維持）原狀型問題。

③追求理想型問題：其目標在於提升現狀以達到理想狀況，因此從「現狀並無大礙」的觀點來看，它與以時間軸做區分的防杜潛在型問題相同。不過，它與防杜潛在型問題不同的是，即使置之不理，將來也未必會發生重大不良狀態。

圖表1-3 問題的特徵

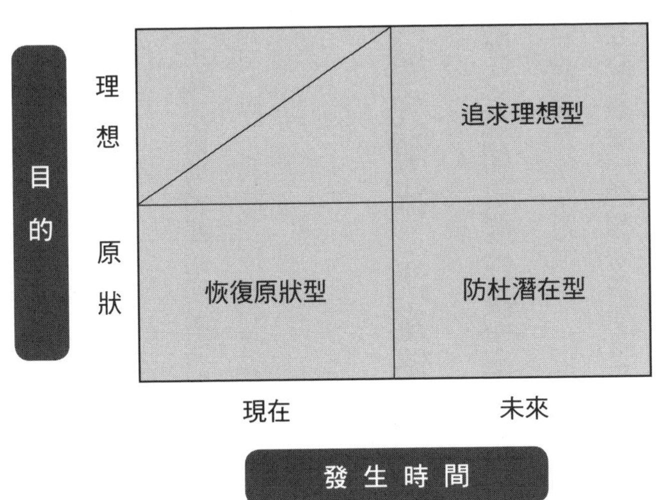

釐清問題類型，便能設定課題方向

如同上述，根據目的和時間的類型所構成的組合，問題大致上可區分成三種類型。當然，隨著問題的範圍不同，同一個問題也可能包含複數的類型。比方說，你當初以為某個問題只是單純的恢復原狀型，最後卻變成追求理想型。

舉例來說，平常用於通勤的自用小客車時常引擎熄火。熄火本身屬於恢復原狀型問題。另外，即使解決了熄火的問題，車子本身會越來越老舊，往後還可能發生其他的故障，因此未來有可能發生防杜潛在型問題。

考慮到這一點，問題的發展或許會演變成是否乾脆換一輛新的高檔車？如此一來，追求理想型問題也跟著出現了。

為什麼**確定眼前面臨的問題類型**很重要？因為問題類型可以為課題設定找到方向。關於這一點，我將在後面的章節深入說明。現在，先介紹這三種類型。

哪個問題先解決？決定優先順序

■根據緊急性和重要性決定優先順序

如果我們鎖定的問題很多，該從哪一個問題開始著手？其實，**「總之哪一個都行，先做比較重要」的想法效率最差**。我們首先要決定優先順序，然後開始解決。

一般而言，在分辨事情的優先順序時，比較有效的方法是從「緊急性」和「重

圖表1-4 優先順序矩陣圖

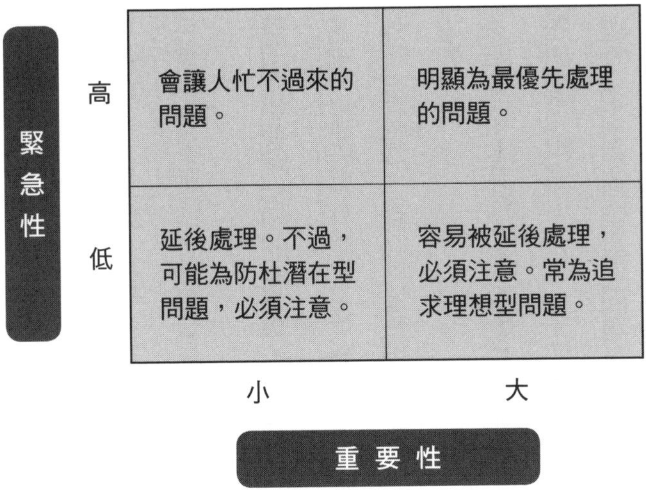

緊急性 ＼ 重要性	小	大
高	會讓人忙不過來的問題。	明顯為最優先處理的問題。
低	延後處理。不過，可能為防杜潛在型問題，必須注意。	容易被延後處理，必須注意。常為追求理想型問題。

要性」這兩項基準下手（見圖表1-4）。若從結論來說，就是**優先處理高重要性且高緊急性**的問題。

相反的，影響小且不緊急的問題可以最後處理。不過，在有待解決的問題當中，要是有能輕易解決的問題，最好盡快處理。

其實，這個手法也可以應用於日常生活中。舉例來說，做菜時，假如鍋中的油突然起火，我們會立刻將火撲滅，因為若擱置不管，就會釀成火災。所以，以鍋中著火的油來說，為了繼續做菜，它是屬於恢復原狀型問題；另外，若擱置不管會釀成火災，於是它也屬於防杜潛在型問題。

同樣的，我們假日在家自己動手做木工時，如果手指不小心被電鋸切斷，應該會立刻跑去醫院（這時候，別忘了先冰鎮斷掉的手指，一起拿去醫院）。這些問題一定是優先於「替不動的手錶更換電池」。

■不緊急但重要性高的問題，最容易忽略

如果遇到上述的緊急狀況，只要不是陷入恐慌，大概沒有人會弄錯問題的優先順序。另外，這時候，我們可以直覺判斷，眼前最優先處理的課題並非分析原因，而是緊急處置。

但是，我們所碰到的問題通常不容易判斷出性質。因此，要從緊急性和重要性來判斷問題的優先順序。

以「選擇結婚對象」這個問題為例。就重要性來說，這個問題絕對可以排進人生大事的前幾名，但一般而言，它並非需要立刻做決定的高緊急性問題。在這種情

況下，你或許會優先處理另一個問題：修理壞掉的廁所門。可是，如果不注意，很可能就一直延後「選擇結婚對象」。

這就是高重要性、低緊急性問題的最大特徵：**存在著一拖再拖的危險**。由於這種問題不需要立刻做決定或是採取行動，因此你雖然一直將它放在心上，但總是被一些低重要性且高緊急性問題纏身，結果就忽略了處理高重要性且低緊急性問題。

以個人的層面來說，這種問題包括了前面提到的選擇結婚對象，或是留學、考執照等，而全家出遊或許也是其中之一。以企業來說，在既有的事業蒸蒸日上之際，容易忽略了開發新事業、拓展新市場、研發新商品。等到你發覺這些事情的重要性時，很可能為時已晚，因此一定要留心。

■防杜潛在型問題，預防和因應並重

評價問題的重要性時，最要緊的是不但要辨別出目前的不良影響，還要看出今後會擴大的可能性。已經顯在化的不良影響程度越大，則越緊急。假如目前的不良影響很小，而且沒有惡化的趨勢，就可以延後處理。

此外，我將在後面的內容中詳述，對於防杜潛在型問題，有兩種策略非常重要：一種是避免將來產生不良影響的「預防策略」，另一種是使已發生問題的衝擊降到最低的「發生時的因應策略」。而且，在採取這些策略之前，必須弄清楚還有多少的緩衝時間。

舉例來說，很少人會在十幾歲時擔心老後的事，但相對的，超過五十五歲還沒想好老後對策，麻煩就大了，最好立刻著手。另外，即使電腦現在沒有任何問題，也最好盡快將電腦中的資料備份。同樣的，在地震發生之前，平時就應該在能力範圍內做好預防措施。

如果對於防杜潛在型問題的預防策略與發生時的因應策略，沒有一定程度的了解，就無法從緊急性和重要性的角度，來決定問題的優先順序。因此，最好在初期階段，便在可理解的範圍內，判斷防杜潛在型問題的優先程度。

第 2 章

如何解決 恢復原狀型問題

- 恢復原狀型問題有兩大課題
- 還可以用差異分析找原因
- 真的是這原因嗎？如何確定因果關係

恢復原狀型問題有兩大課題

■知道問題類型，才能夠鎖定重點課題

前文中，我們以「期待的狀況與現狀之間的落差」這個觀點為基礎，用目的和發生時間這兩條軸線，將每天面臨的問題區分為恢復原狀型、防杜潛在型及追求理想型。了解自己所面臨的問題屬於哪一種類型非常重要，因為**根據問題的類型，我們可以大致決定解決問題的課題領域**。接下來，我將說明如何根據問題的類型，設定重點課題以解決問題。

■恢復原狀型的課題：分析原因、採取因應策略

首先介紹恢復原狀型問題。對一個問題解決者而言，在工作和日常生活當中，應該最常碰到這個類型的問題。解決恢復原狀型問題時，基本課題是「分析原因」，也就是分析為何現狀與原狀會產生落差。找出真正的原因之後，在恢復原狀的同時，還要為維持原狀採取適切的解決策略，也就是因應策略。根據問題的不

圖表2-1 恢復原狀型問題的課題領域

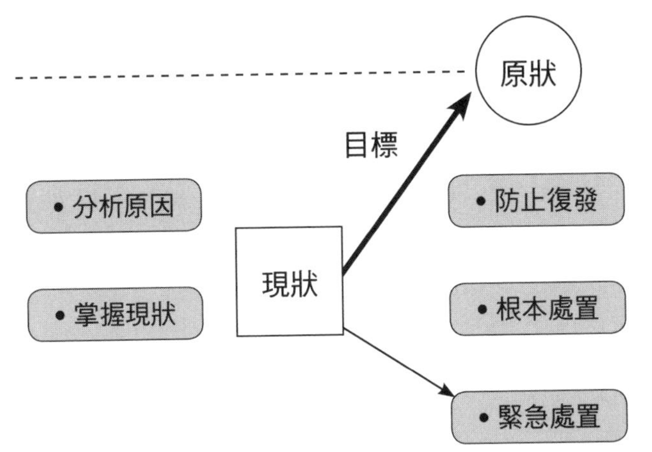

*記號•表示課題領域，其分布位置與各時期應掌握的策略有關。

同，因應策略又細分為**緊急處置**、**根本處置**、**防止復發**等課題領域（見圖表2-1）。

只看到表面問題，只做緊急處置

如果不分析問題的根本原因，就會變成只對問題的表象進行處理。舉例來說，發燒吃感冒藥，但說不定是罹患肺炎；公司的營業額減少，因此打出華麗的宣傳廣告，但如果市場已經飽和，很難產生效果；客訴增加，因此增加客服人員，但如果產品本身有問題，便只是治標不治本。在大多數的情況裡，真正的解決策略不單只要處理表面問題。

■正確分析原因，才有根本處置和防止復發

解決恢復原狀型問題時，最重要的課題是分析原因，因為唯有確定不良狀態的原因，才能替問題量身訂做，擬訂根本處置和防止復發策略。

舉個例子，某個人經常為頭痛所困擾。以緊急處置來說，應該立刻服用成藥以解決疼痛。然而，之後最好還是去做相關檢查，分析頭痛的原因。如此一來，才能對症下藥。假如頭痛的原因是眼鏡的度數不合，可以去配一副新眼鏡；假如原因是腦腫瘤，或許需要接受手術。根據分析出的原因進行根本處置之後，就要考慮防止復發策略，例如改善生活習慣等。

同樣的，假如某條生產線所製造的產品出現瑕疵，以緊急處置來說，應該立刻停止這條生產線的運作。同時，為了維持生產量，可以提高其他生產線的運轉率，或是委外生產。接著，深入分析產生瑕疵的原因，進行根本處置以排除原因，然後

重開生產線。之後，還要思考防止復發策略。

在大多數的情況裡，如果找不出發生不良狀態的原因，那麼任何因應策略其實都只是一種緊急處置。總之，沒有正確分析出原因，就無法進行根本處置。

■分析原因：基於事實、掌握狀況

就分析原因的課題而言，第一個要求是，問題解決者必須縝密且冷靜的掌握問題狀況，因為只要確切掌握問題的現狀，就有很高的機率能夠追出原因。

其實，我們可以把掌握現狀和分析原因這兩個課題領域，視為一個連續的作業。換句話說，可以把掌握現狀當成一種獨立的課題領域，但如果從更大的框架來看，掌握現狀其實也屬於分析原因的一部分。

掌握現狀與分析原因息息相關，其基礎建立在對事實的掌握程度，也就是「事實調查」（fact finding）這個掌握現狀的過程，包含了問題發生在何時、何地以及問題為何等。關於事實調查的技巧，後面將做更深入的說明。

麥肯錫顧問的強項在於分析事實

事實上，在麥肯錫公司裡，即使三十歲前後、比較資淺的顧問，也能對大企業提出有價值的建言，其原因就在於，他們的建言完全是以事實分析為基礎。

企業的員工每天在第一線從事自己的業務，大多數的人都是憑藉有限的經驗和直覺在工作。此外，一般較為年長的經營顧問，則容易直接套用自己的經驗和體驗，來提出建言。而那些建言多半流於表面，像是「報告、聯絡、商量」、「確實整理整頓」、「降低成本」等。

相較之下，麥肯錫公司的顧問必須徹底進行事實調查。當然，如何將蒐集到的事實簡明易懂的傳達給客戶，需要高明的技巧。但是，在陳述事實上，年齡和經驗並非決定要素。

在解決問題能力中，分析力最重要

其實，從掌握現狀和分析原因中獲得的成果，絕大部分來自以事實為基礎的分析力。而且，不只是掌握現狀、分析原因，在解決恢復原狀型問題的過程中，包括緊急處理、根本處置、防止復發策略等分析力，都是最重要的。分析力不足，就無法明確掌握事物的狀況，解決問題的能力自然會低落。所以，我再三強調分析力是解決問題中最重要的要素。當然，分析力的基礎就在於邏輯思考。

在本章中，我將順著解決恢復原狀型問題的脈絡，按部就班解說。但事實上，不限於恢復原狀型，分析力是解決所有類型的問題時必備的一項技術。下一章會談到防杜潛在型問題，其課題領域包括了假設不良狀態、擬訂預防策略、不良狀態發生時的因應策略等，而且每個課題領域也都要求問題解決者必須具備分析力。同樣的，在解決追求理想型問題的過程中，例如盤點公司強項（即資產盤點）、選定理想、行動計畫等，也都必須藉由分析力才能夠達成。

那麼，解決問題時必備的分析力，到底是什麼樣的能力？接下來，我以解決恢復原狀型問題時的「分析原因」課題為例，進行解說。

■「分析」是什麼？

關於分析，我在前言稍有提及。如同字面所述，「分析」是指針對對象的狀態和現象，追根究柢的進行歸類。換句話說，**分析就是將混沌的現實區分成有意義的群集後，闡明其相互關係**的一種腦力作業。如果你在問題的掌握上糊里糊塗，就無法抓到問題的本質和真正的原因。

總而言之，「分析」這項作業的本質在於，除了要篩選出問題的構成要素，還必須從細部了解要素之間的關係。這是一種從結構角度來理解狀況的作業。

而且，所歸納出的要素最好是符合ＭＥＣＥ原則（按：Mutually Exclusive, Collectively Exhaustive，簡稱ＭＥＣＥ，直譯為「相互排他性、集合網羅性」，請參見第十二章），也就是說，必須符合「不重複、不遺漏」的原則。

除了ＭＥＣＥ之外，本書的後半部還將介紹其他有用的分析工具。

接下來，我以具體事例來說明分析原因的流程。

D公司的業務是銷售健康食品，由推銷員負責販售並抽取佣金。S（三十六歲，男性）是D公司管理部門的人員。他發現，最近幾個月，推銷員的生產力有下降的趨勢。

面對這個狀況，S認為問題點在於推銷員的生產力下降。由此看來，問題的類型是恢復原狀型。

由於「推銷員的生產力下降」與預期的狀況產生落差，因此確實發生了問題。既然是恢復原狀型問題，重點課題在於掌握狀況，以這個基礎去分析原因，然後思考下一個課題的因應方式。

在分析原因之前，最重要的是具體且正確的掌握問題狀況。首先，S必須細部分解「生產力」這個模糊且抽象的概念。

用數據和事實分解一件事的結構，便能掌握狀況和原因

所謂「生產力」，是由哪些因素所組成？

就D公司而言，生產力是推銷人員的總銷售額除以推銷員的人數。而所謂「生產力下降」，具體來說，就是平均每位推銷人員的銷售額下降。這樣的表現方式比「生產力下降」的說法更清楚。

接著，進一步的分析，將每位推銷員擁有的總顧客數乘以平均每位顧客購買的金額，就可以計算出哪些推銷員態度積極（高於平均者就是積極推銷員），哪些推銷員幾乎沒有行動（消極推銷員）。分析至此，我們已經快要找到「生產力下降」的具體原因（見圖表2-2）。可能的原因如下：

①積極推銷員減少。

②平均每位推銷員的顧客數減少。

③平均每位顧客的購買金額減少。

圖表2–2 生產力下降的分解圖

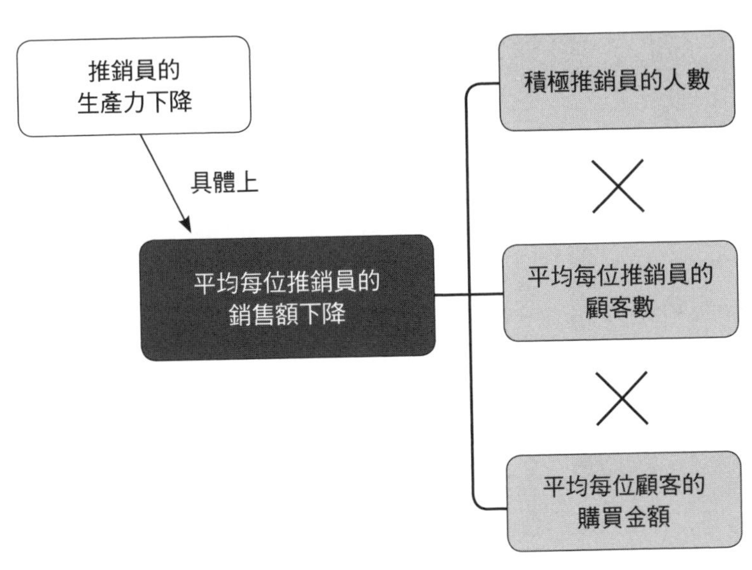

接下來，只要將統計資料套用進去即可。

假設③「平均每位顧客的購買金額減少」是主要原因，那麼先前「推銷員的生產力下降」的說法，就可以用更詳細具體的方式來表達：平均每位推銷員的銷售額下降，原因在於平均每位顧客的購買金額減少。

出現的結果是現象還是原因？千萬別弄錯

假如我們確定原因是平均每位顧客的購買金額減少，那麼「增加平均每位顧客的購買金額」是好的對策嗎？

就方向性來說沒有錯。但是，「平均每位顧客的購買金額下降」屬於現象，就「擬訂具體因應策略」的觀點來看，還得分析出更深層的原因。換句話說，必須深究**為什麼**平均每位顧客的購買金額會減少，接著才思考具體的因應策略。

例如商品的形象太老舊，導致顧客的購買金額減少，那麼因應策略可能是提升商品形象，給顧客耳目一新的感覺。這時候，必須構想出一個能提升商品形象的替代方案。不過，這裡有一個難題：分析原因需要深入到什麼程度？

豐田汽車公司有一個口號：「當發現產品有瑕疵時，至少要問自己五次『為什麼』。」或許，五次是一個值得參考的標準。

有些問題不須分析原因

在恢復原狀型問題當中，有一種類型的問題不必理會原因，只要將損壞的部分修理好即可，那就是「修繕型問題」。對於這個類型的問題而言，「分析原因」這個課題並不重要，不過它仍然屬於恢復原狀型問題。例如，自行車爆胎就屬於修繕型問題。

換句話說，不管輪胎爆胎是因為碰到釘子或是玻璃碎片，不管是在哪裡或是以何種方式爆胎，分析原因並不重要，通常是把輪胎修好就沒事了。因此，遇到修繕型問題時，重點課題應該是放在問題發生時的處置，而非分析原因。同樣的，當有人手臂骨折時，先不管原因為何，應該立即找一塊木頭固定做緊急處置，然後去醫院上石膏做根本處置。

不良狀態頻繁發生，要分析原因

不過，即便修繕型問題，分析原因仍有可能成為重要的課題。一般而言，修繕型問題多半像剛才自行車爆胎的例子一樣，只要修理並恢復原狀即可。但若自行車頻頻爆胎，我們必須分析原因，知道自行車是在何時、何地爆胎。如果知道原因在於，每次去超市購物的途中經過施工現場，那麼下次只要繞個路就可以解決問題。

骨折也是一樣。假如某人頻繁的在某個特定場所發生骨折，就要深究其發生的原因，擬訂策略以防止下次發生同樣的傷害。

這時候的對策是「防止復發策略」，不管是將個別的不良狀態視為問題，還是將頻率視為問題，最重要的是要先確定問題的類型，再思考核心課題。

■ 6W3H的基礎架構，幫助你分析原因

接下來，我要介紹一個比大家熟知的5W1H更為龐大的架構：6W3H（見圖表2-3）。

這個架構可用來提升分析原因時的調查技巧。雖然根據狀況的不同，有些項目或許不適用於分析對象，甚至多少會發生重複的情形，但可確定的是，這個架構將有助於掌握狀況。

透過第六十頁中一連串的問題，就能夠有效率追出原因。

圖表2-3 6W3H分析

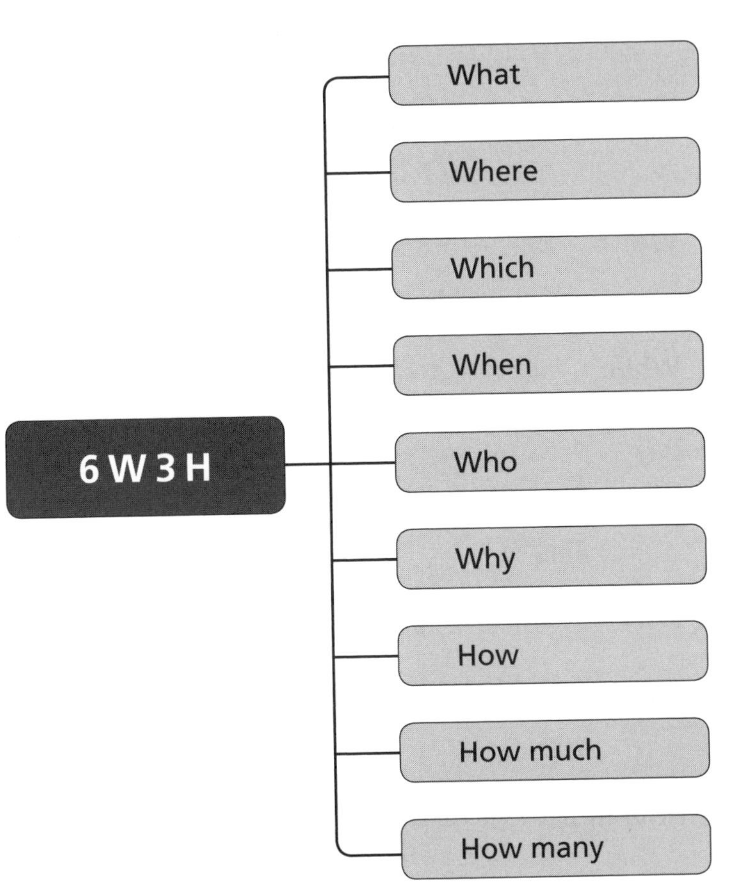

What：什麼原因會產生不良狀態？是什麼樣的不良狀態？這可用於發現問題。

Where：發生不良狀態的地點在何處？發生的對象在何處？這適用於確定不良狀態。

Which：發生在哪個對象？這適用於面對數個性質相同的對象時，限定其中一個對象。

When：何時發生不良狀態？這是以時間序列來掌握狀況，有助於分析原因。

Who：誰發現不良狀態？這有助於詢問、蒐集相關情報。

Why：為何會發生損害？這是分析原因的主軸。

How：在什麼樣的狀況下發生？有時候這就是直接原因。

How much：損害的程度為何？損失多少金額？

How many：損害的數量是多少？

還可以用差異分析找原因

■差異分析有助於分析原因

另一項有助於分析原因的分析手法，叫做「差異分析」（variance analysis），正如其名，它可以凸顯出「差異性」（這裡的variance，並非指統計學中的「變異數」，而是單純指「差異」）。這種手法是將發生問題的對象與其他沒發生問題的對象，做一番比較，並找出彼此之間的差異。

舉例來說，在許多個相同的裝置當中，有的發生故障，有的順利運轉，比較兩者就可以找出其中的差異。

當然，這也可以運用於公司或組織。例如，我們可以將發生問題的公司或組織，與經營得當的競爭對手或是其他部門做一番比較。另外，本書一開始提到的「分析理想與問題之間的落差」這個觀點，其實就是一種差異分析。

■標竿學習也是差異分析

這裡所談的差異分析，與大家耳熟能詳的「標竿學習」（benchmarking）有共通之處。所謂「標竿學習」，是指從同業中選出幾家被稱為「實務典範」（best practice）的企業，與自家公司做比較，篩選出自身必須改善之處。

標竿學習的運用範圍很廣，有些專門比較財務上的數值，有些則比較製造和銷售的過程。更進一步來說，標竿學習最常使用於以下的時機：公司雖然本身並未發生任何重大問題，但是想要提高經營效率。從這個觀點來看，標竿學習可說是屬於防杜潛在型問題，或是追求理想型問題的差異分析。

■比較同一對象的變化

差異分析除了可用於比較發生問題的對象、與運作順利的對象之外，也能用在同一對象，並比較其在發生不良狀態前後的差異，也可以說是一種具有時間序列的差異分析。

既然某事物在某個時間點發生了不良狀態，就必須分析在那個時間點之前，有什麼變化因素？例如：

「前一陣子，電腦動不動就當機。仔細回想，這是自從灌入某個軟體之後才開始發生。」

「自從更換不同牌子的機油之後，車子的引擎開始怪怪的。」

「自從實行成果主義（按：依工作能力、考績決定員工薪資）之後，這陣子公司員工的士氣變得很低落。」

這些例子都是從「分析原因」的觀點，對同一對象做時間序列的比較，也就是使用了探究「變化」的分析手法。當然，這種探究變化的分析不但適用於分析原因，同時也是發現問題的基本手法。

■當變數好幾個，分析原因就不容易

前面提到的例子都只有一種變化因素，而其他部分都沒有任何改變，在這種情況下，通常很快就可以找出原因。但若是以下的例子：「我灌入某個軟體時，還加入某個有通知功能的拍賣網站，成為會員」，或是「我更換不同牌子的機油，還換了火星塞」，那麼情況就很難分析了，因為有複數的變化，都可能視為發生問題的原因。

從現實情況來說，我們平常最容易遇到這類問題。這時候，你必須確認到底哪個選項才是真正的原因。判斷的基準是，用哪個選項來解釋不良狀態的發生最具說服力。你可以使用前文提到的6W3H，先蒐集與不良狀態相關的詳細資訊，然後將每個選項套用在具體的不良狀態上，確認出一個最具說服力的選項。

真的是這原因嗎？如何確定因果關係

■因果關係要成立，必須具備三要件

所謂「因果關係」，是指原因與結果之間的關係。但是，這種關係到底是如何成立的？事實上，因果關係要成立，必須具備三項條件。

①視為原因的因素（X）與結果（Y）之間有關連性。

②視為原因的因素（X）發生在結果（Y）之前。

③沒有其他干擾因素。

所謂「相關性」，是指某因素與某因素同時發生的機率非常高。例如：「狗面向西，尾巴在東」（按：日本諺語，比喻極為理所當然）、「感冒會發燒」、「爬山爬越高，氣壓越低」這些現象中，都存在關連性。

在沒有關連性的事物之間，因果關係無法成立。我們經常聽到「只要他在，一定會下雨，因此他是雨男。」然而，這樣的關係過於牽強附會，所以因果關係並不成立。

另外，如果視為原因的因素（X）發生在結果（Y）之後，那麼因果關係不成立。舉例來說，車子停止之後才踩煞車，就不能說車子停止是因為踩煞車的緣故。

考試合格之後才用功念書，就不能說考試合格是用功念書的結果。

還有，視為原因的因素（X）與結果（Y）之間，不能有干擾因素（Z）。如果有個干擾因素（Z），讓視為原因的因素（X）與結果（Y）同時發生，就必須多加留意，因為即使（X）與（Y）之間並沒有直接的因果關係，（Z）也會讓人誤認為（X）與（Y）之間有關連性（見圖表2-4）。

舉例來說，某家公司認為遲到的頻率（X）與生產力下降（Y）有關。而且，從時間序列來看，（X）也確實發生在（Y）之前。可是，如果貿然認定（X）與（Y）具有因果關係，也就是說，「因為遲到，所以生產力降低」，是非常危險的。說不定，因為熬夜（Z）睡過頭，所以遲到（X）。或許，真正的原因是熬夜（Z）導致睡眠不足，所以生產力降低（Y）。

這時候，即使勉強員工不要遲到（X），但只要他們持續熬夜，導致睡眠不足（Z），那麼工作時依然精神不濟，生產力（Y）當然不可能提升（見圖表2-5）。

圖表2–4　因果關係

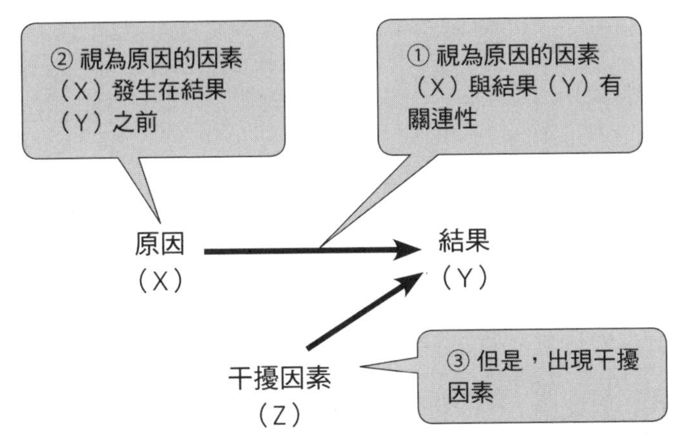

圖表2–5　干擾因素的例子

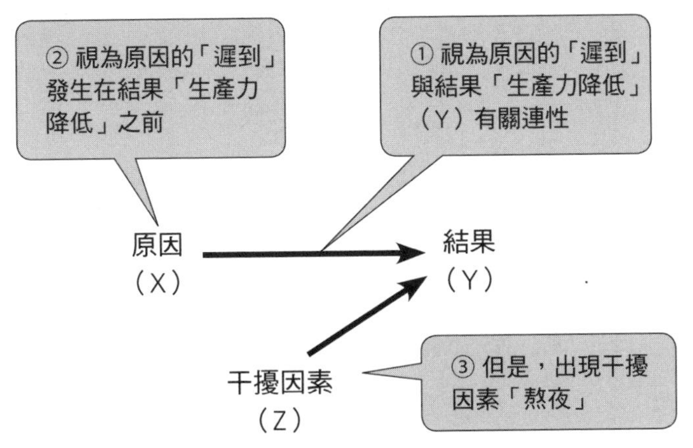

■真的有因果連鎖？抑或是有其他干擾因素？

舉例來說，我們經常說「戒菸會變胖」。但是，這或許是戒菸者戒菸後，變得食欲旺盛而大吃大喝所造成的結果。事實上，如果戒菸後依舊保持一定的食量，或許就不會變胖了。在這種「現象具有因果連鎖」的情況裡，我們容易將沒有直接關係的因素誤認為原因。

除了因果連鎖之外，當原因是複合式時，也很傷腦筋。其實，要從所有的因素中篩選出真正的原因，本來就很困難。而且，有的現象必須是某個特定因素和其他因素加在一起才會發生。

比方說，前面提過的例子：「自從實行成果主義之後，這陣子公司員工的士氣變得很低落」，如果過程中的唯一變化因素只有「實行成果主義」，那麼原因大概就是如此。但是，如果同時還有其他的現象，例如公司自從草率的併購其他公司之後，業績一落千丈，那麼員工的士氣低落，或許是這兩種因素所造成的結果。

另外，當複數的因素交錯在一起時，通常會因為最後一個因素而引發問題。這時候，我們很容易將最後一個因素誤認為引發問題的原因，因此必須多加留意。當遇到這種包含多層面因果關係的狀況時，如何理性思考，分析出真正的原因，正是考驗問題解決者的能耐。

在本章裡，我以分析原因為主軸，解說解決恢復原狀型問題的方法，在這個過程中，也一併思考了「分析」和「因果關係」。面對恢復原狀型問題時，只要弄清楚原因，就能逐漸找到解決策略的方向。此外，我們還確認了恢復原狀型問題的解決策略，包含緊急處置、根本處置、防止復發等。

由於解決策略在不同的問題類型中擁有共通的要素，因此我會個別的針對解決策略進行討論。特別是對於防止復發策略，將在防杜潛在型問題的解決策略中深入解說。

第 3 章

如何解決
防杜潛在型問題

- 防杜潛在型問題的兩大課題
- 由下而上法
- 由上而下法
- 危機管理是防杜潛在問題，不是緊急處置

防杜潛在型問題的兩大課題

■防杜潛在型問題，得主動發掘

以車子輪胎的胎紋磨損為例，雖然目前輪胎沒有發生任何問題，但如果擱置不管，不只輪胎容易爆胎，還容易打滑，釀成重大事故。因此，「輪胎胎紋磨損」的問題便是防杜潛在型問題。以下的例子都屬於防杜潛在型問題：

「工作用電腦的硬碟裡儲存了大量的重要資料。」

「正要外出時，發覺外面快變天了。」

「本公司和其他同業競相推出品質和價格同等級的產品。」

「業界的秩序基於某種特定的規定在運作。」

與其等事情發生，才慌慌張張的處理，不如事先做好準備，才能做出適切的因應。真正的問題解決者，不會被動的處理已經顯在化的不良狀態，而是更積極的發現防杜潛在型問題。

■基本課題：「預防」與「因應」並進

所謂的「防杜潛在型問題」，是指雖然目前並無大礙，但如果擱置不管，將來會發生嚴重的不良狀態。解決防杜潛在型問題時，**基本課題就是擬訂出防患未然的「預防策略」，以及發生不良狀態時的「因應策略」**（見下頁圖表3-1）。

如果要擬訂出好的預防策略和因應策略，前提是找出不良狀態的原因。其作法類似恢復原狀型問題的分析原因，但不同的是，防杜潛在型問題尚未引起不良狀態，因此我們不將引發不良狀態的因素稱為原因，而是稱為「誘因」。防杜潛在型問題與恢復原狀型問題的決定性差異，就在於不良狀態是否顯在化。因此，這兩種問題的解決方法並不相同。

■防杜潛在型問題的兩種解決途徑

解決防杜潛在型問題有兩種途徑，分別是：

圖表3–1 防杜潛在型問題的課題領域

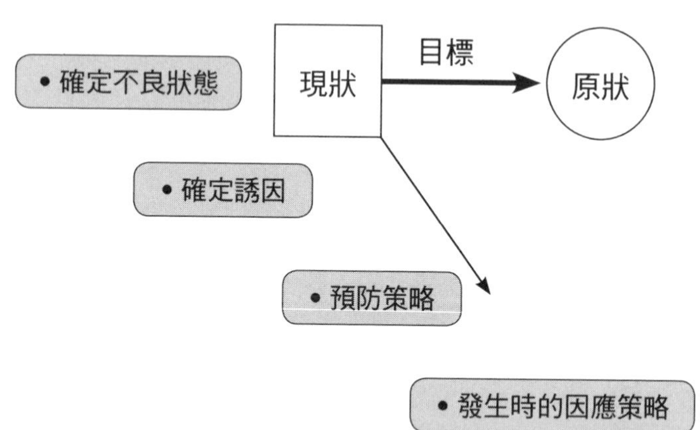

＊記號•表示課題領域，其分布位置與各時期應掌握的策略有關。

① **由下而上法：**從個別的狀況和現象，思考可能發生的不良狀態。

② **由上而下法：**首先假設最後會發生某種不良狀態，再思考可能引發這個狀態的個別誘因。

無論透過哪一種途徑，課題是要確定引發不良狀態的誘因。在確定了潛在性的誘因之後，下一個課題是要思考預防策略和發生時的因應策略。

由下而上法

■由下而上法：從現狀確定須注意的個別因素

運用由下而上法，首先是藉由分析現狀，從目前能觀察到的一些特定狀況或現象開始著手（見下頁圖表3-2）。由下而上法的四個步驟是：

①從現狀中確定必須注意的特定因素。
②假設不希望發生的不良狀態。
③擬訂預防策略，排除可能的誘因。
④預先擬妥發生不良狀態時的因應策略。

■①從現狀中確定必須注意的特定因素

在前文中，「工作用電腦的硬碟裡儲存了大量的重要資料」的狀況，就是步驟①。而「正要外出時，發覺外面快變天了」，也是目前能觀察到的個別因素。

圖表3–2 由下而上法

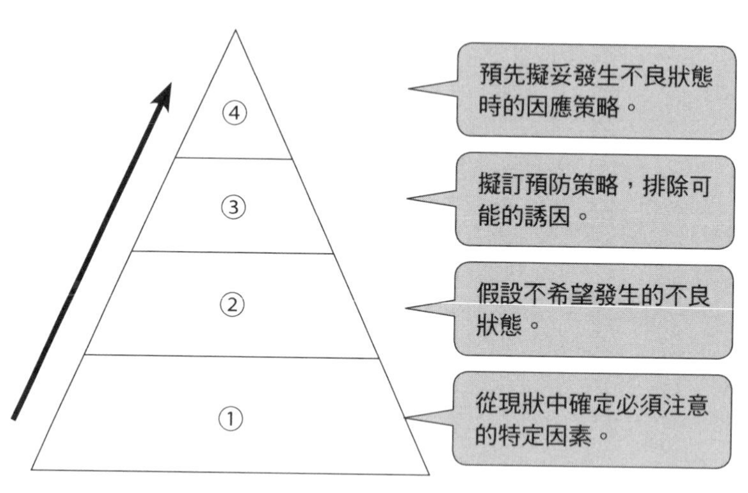
④
③
②
①
預先擬妥發生不良狀態時的因應策略。
擬訂預防策略，排除可能的誘因。
假設不希望發生的不良狀態。
從現狀中確定必須注意的特定因素。

此外，其他兩個例子：「本公司和其他同業競相推出品質和價格同等級的產品，因此本公司的產品容易受到其他同業動向的影響」、「業界的秩序基於某種特定的規定在運作，因此當規定變動時，公司將受到很大的影響」，也是一樣的。

你可以運用之前我所提到的差異分析法進行分析，有助於在現狀中確定必須注意的特定因素。

② 假設不希望發生的不良狀態

從現狀中確定必須注意的特定因素之後，接著要具體歸納。換句話說，你要問自己「所以呢？」、「之後會如何？」，有邏輯的追求各種可能因素。

然後，要從這些因素當中，推測將來是否會發生不良狀態。如果確定最終會發生不良狀態，那麼你觀察到的狀況或現象就是潛在性的重大問題。舉例來說：

狀況：「工作用電腦的硬碟裡，儲存了大量的重要資料。」

Q：「所以呢？」、「之後會如何？」

A：「硬碟可能損壞。」

Q：「所以呢？」、「之後會如何？」

A：「如果硬碟損壞，重要資料會不見。」

狀況：「正要外出時，發覺外面快變天了。」

Q：「所以呢？」、「之後會如何？」

A：「可能會下一場雨。」

Q：「所以呢？」、「之後會如何？」

A：「如果下雨，會全身淋溼！」

狀況：「本公司和其他同業競相推出品質和價格同等級的產品。」

Q：「所以呢？」、「之後會如何？」

A：「其他同業可能會提升品質、壓低價格。」

Q：「所以呢？」、「之後會如何？」

A：「本公司的市場會被搶走一大半。」

狀況：「業界的秩序基於某種特定的規定在運作。」

Q：「所以呢？」、「之後會如何？」

A：「規定有可能放寬或廢除。」

Q：「所以呢？」、「之後會如何？」

A：「將有很多新公司進入這個業界。」

Q：「所以呢？」、「之後會如何？」

A：「競爭越來越激烈，利潤將減少！」

這些狀況的最終結果，都會引發重大的不良狀態。所以，這些可能成為誘因的狀況，就是問題所在。

■③擬訂預防策略，排除可能的誘因

確定了誘因之後，下個動作是進入步驟③。在這個步驟中，最重要的是區分可控制誘因與不可控制誘因。

比方說，即使不想被雨淋溼，可是我們無法控制天氣。或者，其他公司推出新產品確實會威脅到自家公司，可是我們很難阻止別人這麼做。對於政府機關所制訂的規則，雖然可以派說客去遊說，但是無法完全掌控。如果花太多心力去排除這些不可控制誘因，反而使你勞神傷財。

■④預先擬妥發生不良狀態時的因應策略

即使已經排除了可確定的誘因，還是要採取步驟④，因為即使排除了誘因，不良狀態還是有可能發生。我們可以按照發生機率的高低，來決定排除的順序，從極可能引發不良狀態的誘因開始著手，但不太可能排除所有的潛在因素。

事實上，要在事前找出所有的誘因，是非常困難的。因此，最聰明的作法是，在不良狀態發生之前，先擬妥因應策略。而由下而上法的步驟③和步驟④，與由上而下法相同。

由上而下法

■從「假設發生了不良狀態」開始著手

由上而下法這個手法，首先是從假設不希望發生的結果，也就是最終的不良狀態開始著手，再查明誘因（見下頁圖表3-3）。

如同前文確認過的，防杜潛在型問題的本質其實是恢復原狀型問題，只是問題尚未顯在化。但嚴格來說，我們的目標不是恢復原狀，而是如何維持現狀。運用由上而下法來解決防杜潛在型問題時，必須注意以下的四個課題。而步驟③和步驟④，與由下而上法相同。

①假設不希望發生的不良狀態。

②確定引發不良狀態的誘因。

③擬訂預防策略，排除可能的誘因。

④預先擬妥發生不良狀態時的因應策略。

圖表3–3 由上而下法

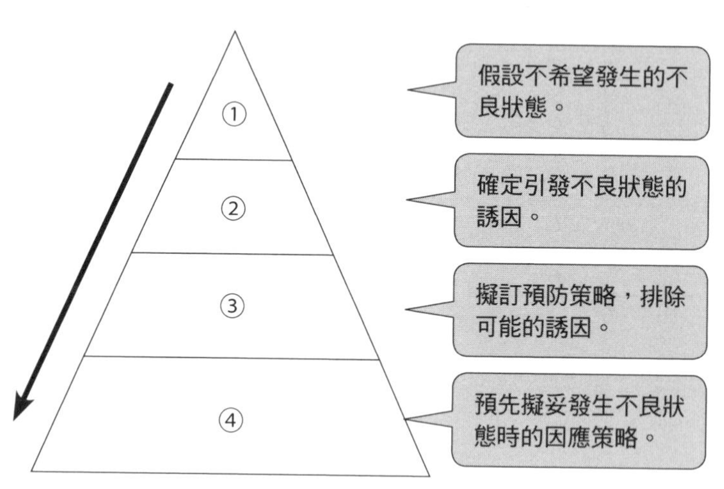
①
②
③
④
假設不希望發生的不良狀態。
確定引發不良狀態的誘因。
擬訂預防策略，排除可能的誘因。
預先擬妥發生不良狀態時的因應策略。

現在，以「輪胎磨損」的問題為例，逐一檢視每個步驟，看如何用由上而下法來解決防杜潛在型問題。

①假設不希望發生的不良狀態

一個負責任的駕駛總是注意行車安全，然而影響行車安全的不良狀態有很多種，其中包含了車子打滑、引發事故。因此，車子打滑就是我們不希望發生的一種不良狀態。

■②確定引發不良狀態的誘因

有許多因素會引發車子打滑，例如下雨天，特別是剛下雨時，路面的油脂浮現，容易使車子打滑。另外，猛踩煞車容易使輪胎鎖死而打滑。還有，方向盤切得太猛也容易打滑。而且，使用過度磨損的輪胎，即使行駛於正常的路況，也可能使車子打滑。

■③擬訂預防策略，排除可能的誘因

確定了誘因之後，就可以擬訂預防策略，排除這些可能的誘因。比方說，我們雖然無法阻止下雨，但是可以選擇下雨天不開車或是減速行駛。還可以避免猛踩煞車，或是學習怎麼順暢的打方向盤。

其實，現在的車子幾乎都裝設了防鎖死煞車系統（Anti-Lock Brake System，簡稱ＡＢＳ），換句話說，廠商已經幫我們準備了預防策略。不過，廠商無法預防輪胎磨損。這時候，預防策略是駕駛必須平時就做檢查，如果發現輪胎過度磨損，就要去換輪胎。像這樣排除一些可控制的風險因素，就是預防策略的基礎。

■④預先擬妥發生不良狀態時的因應策略

但是，無論我們想出多麼周全的預防策略，還是很難達到百分之百防患於未然的效果。因此，最好預先思考萬一車子打滑時的因應策略。例如，預先練習打滑時方向盤該如何切換、裝設安全氣囊，以及購買保險等。

接下來，以「硬碟」的問題為例，再次確認由上而下法的分析步驟。

■①假設不希望發生的不良狀態

電腦不僅在工作上，連日常生活中也不可或缺。與電腦有關的問題多如牛毛，然而其中以重要的資料消失最讓人頭痛。長年累積的個人通訊錄、電子郵件、財務報表、帳單、客戶資料等，在一瞬間化為烏有，是誰都不想遇到的問題。

■②確定引發不良狀態的誘因

失去資料的原因有許多種，例如個人操作上的疏失、上網中毒，或是電腦故障。還有一種原因是硬碟損壞，應該很多人都有這樣的經驗。另外，停電或打雷也會造成資料遺失。

■③擬訂預防策略，排除可能的誘因

我們很難百分之百排除人為的疏失。但是，如果接受適當的訓練，就可以有效降低發生疏失的機率。對於病毒，我們可以安裝最新的防毒軟體，讓電腦免於感染。另外，使用不易損壞的電腦或硬碟，也是一種預防策略。至於停電和打雷，我們可以使用不斷電系統（UPS）來解決供電的問題。

■④預先擬妥發生不良狀態時的因應策略

但要注意的是，預防策略只是降低不良狀態發生機率的手段，不保證能夠百分之百防患於未然。要防止資料消失，首先要將資料備份。只要事先用其他電腦或外接硬碟將資料即時備份，就可以放心多了。這個方法可說是不良狀態**發生前**的因應策略。也就是說，資料備份既不是預防硬碟損壞，也不是損壞之後的因應策略，而是在不良狀態發生前所做的「發生時的因應策略」，是為了避免資料遺失所做的預防策略。

另外，硬碟損壞之後才嘗試復原資料，是不良狀態**發生後**的因應策略。可是，這個方法比較耗費時間和成本，而且從現實層面來看，通常很難百分之百復原。

我的硬碟接二連三往生

事實上，在撰寫這本書之際，我辦公室裡的兩臺電腦像是約好了一般，硬碟幾乎在同一時間報銷。有一臺像時鐘一樣，不斷發出滴答、滴答的聲音，另一臺則是開機後只聽到讀取硬碟的聲音，之後再也不會動了，兩臺都無法進入作業系統。

幸好，我事先使用了外接硬碟和筆記型電腦備份資料，因此損害不大，但是我仍然嚇出一身冷汗。之後，辦公室的幾臺主要電腦都裝上兩臺硬碟，並採用鏡射（mirroring）的方式來備份，也就是輸入電腦的資料會同時儲存在兩臺硬碟上。

雖然很難百分之百預防硬碟損壞，但是我認為這不失為一個好方法，因為假如其中一臺硬碟壞掉，還有一臺備用。但要注意的是，這仍然無法避免人為操控的疏失，因為一旦你消除其中一臺硬碟的資料，另一臺的資料也會同時消除。請大家多加注意，不要搞丟重要資料。

■恢復原狀型問題的後續處理：由上而下法

之前說明解決恢復原狀型問題的課題時，曾經簡單提到防止復發策略。就恢復原狀型問題而言，最重要的是先找出正確的原因，再復原其造成的不良狀態，這時候要用到緊急處置和根本處置。接下來，必須做適當的處置，以防止同樣的不良狀態再次發生，這就是「防止復發策略」。

防止復發策略，基本上與防杜潛在型問題的由上而下法的分析步驟相同。唯一的不同點在於，因為不良狀態已經發生，所以不需要進行步驟①「假設不希望發生的不良狀態」。接下來，防止復發策略的課題依序是：

步驟②確定引發不良狀態的誘因。
步驟③排除可能的誘因。

在上述的內容中，我們分別從由下而上法與由上而下法這兩個角度，來分析防杜潛在型問題。其實，各位不妨**同時使用這兩種方法**，對於解決防杜潛在型問題有很好的效果。

危機管理是防杜潛在問題，不是緊急處置

■危機管理：以由上而下法進行分析

在擬訂經營策略上，危機管理的重要性越來越受到重視。有許多的狀況需要危機管理，例如恐怖攻擊事件、駭客、經營團隊做假帳、員工的不法行為、客訴應對不周全、瑕疵商品、洩漏個資、媒體應對不周全、產品混入毒物或異物、詐欺、竊

盜、強盜、地震、火災、爆炸、事故等。而且，某些風險擴大後，還可能會發展成重大危機，像是經營上的危機。事實上，處理防杜潛在型問題的由上而下法，可以運用於危機管理。

防杜潛在型問題的解決方法流程，有助於我們了解危機管理。接下來，我用食品公司的例子，來說明危機管理的手法。

■產品不可能永遠百分之百沒問題

在食品業中，不希望發生的不良狀態很多，我們將其統稱為「風險」。預想得到的風險大致可分成幾個範疇，首先是天災的風險，例如發生地震、颱風等災害，其次是發生事故、遭到竊盜等風險。其中，最需要擔憂的風險，莫過於會引起重大傷害的瑕疵商品，像是吃進肚子裡的食品或藥品，混入了異物或有毒物質。

在危機管理上，有兩個世界聞名的案例不斷被提及。一個案例是在一九八二年，美國的大型製藥廠商嬌生公司（Johnson & Johnson）所銷售的知名品牌止痛藥「泰諾」（Tylenol），在零售店中被人混入氰酸鉀，造成芝加哥地區六人死亡；

另一個案例則是在一九八九年，法國的飲料廠商沛綠雅（Perrier）公司居然在礦泉水的製造過程中，不小心混入了苯。

■先設想你的可控制受損程度

先說明嬌生公司的案例。當時，公司內部有人提議「只要回收芝加哥周邊地區的產品即可」，但是公司最後決定花一億美元（按：一美元約為新臺幣三十・五七元），回收美國國內所有的泰諾止痛藥。之後，執行長詹姆士・柏克（James Burke）透過衛星連線接受媒體記者訪談，事件發生後一個月內，和他對話的記者超過六百人。

接著，嬌生公司迅速採取防止復發策略，將藥物的形式從原本容易被下毒的膠囊更改成錠劑，並將包裝替換成能辨識有無開封過的設計。一年後，嬌生再度推出新款的泰諾止痛藥。這款止痛藥現在依然是該公司的主力商品，並打入海外市場。

沛綠雅的案例也是一樣。該公司在全世界各地回收產品，同時迅速在二十幾個國家的媒體上發表道歉聲明。嬌生和沛綠雅這兩家公司因為做出了適切的因應，所以泰諾止痛藥和沛綠雅礦泉水現在依然健在。

在日本，二〇〇〇年夏天，雪印乳業公司也發生集體食物中毒的事件。但是，該公司在媒體方面處理不當，使得企業形象瞬間崩潰，導致雪印乳業這個品牌從市場上消失。一個品牌一旦失去顧客的信賴，要再恢復可說是難如登天。

■各部門都得進行風險分類

除了前面所概述的風險範疇之外，在大型組織裡，依據不同部門來假設不希望發生的不良狀態，是非常重要的事。我們必須假設企業的「商務系統」（以企業經營流程作為架構，請參見第十四章）中，每個流程可能發生的不良狀態及其誘因。

舉例來說，當我們思考出現瑕疵商品的風險時，可以先從上游開始著手。在購買原料的階段出現不良狀態，使商品可能含有禁止使用的添加物等。這種情況的誘因是審查的過程過於馬虎。

在製造的階段中，出現瑕疵商品的情況就更多了，可能有滋生病毒、混入異物等各種不良狀態，例如焗烤用的醬料混入硅酸乾燥劑、杯麵中混入髮夾、洋芋片混入蜥蜴、葡萄汁混入塑膠片、速食乾拌麵有螞蟻、麵食調理包的保存期限印刷錯誤等，不勝枚舉。而誘因也是五花八門，例如機材清潔不徹底，或者是從業人員不夠細心等。

如果考慮物流和賣店等下游的階段，風險可能是運送或陳列時溫度過高，使得商品品質降低，或是商品包裝和內容物有毀損等。

■危機管理：確立預防策略，同時提升因應能力

如果假設了不希望發生的風險狀況，並且確定了誘因，那麼接著要做的是排除可能的誘因，以及預先擬妥風險顯在化時的因應策略。從「排除誘因」這個觀點來看，一般的作法是擬訂作業程序守則。從組織的觀點來看，則是將責任明確化或是讓員工參加研修受訓。為了在不良狀態發生後即時因應，最好是先擬妥一份明確記載因應措施的守則（見圖表3-4）。

不過，如果沒有事先進行足夠的模擬演練，那麼費心製作的守則便無用武之地。而且，我們也無法針對所有的不良狀態，將因應守則做得面面俱到。因此，**最**

圖表3-4 風險管理的全貌

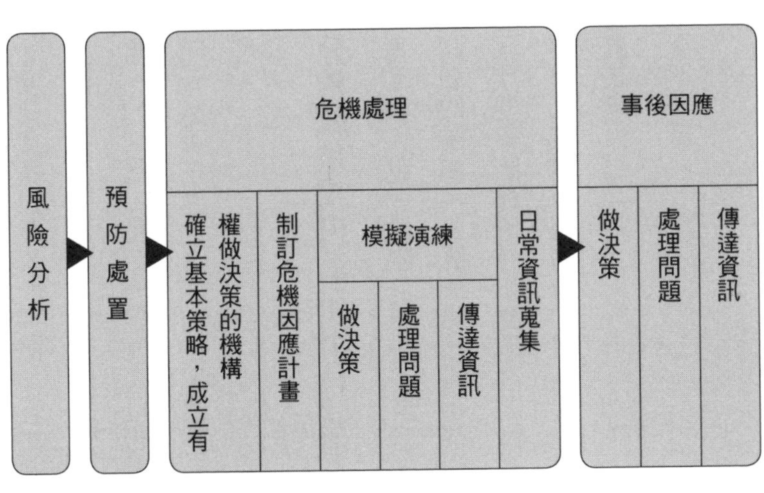

重要的課題就是提升當風險顯在化時的因應能力。

關於危機管理，我強力建議大家事先成立一個危機管理團隊，這個團隊可以立即應付所有緊急狀況，而且成員的層級必須夠高。

最後一點，我認為有必要將**媒體應對**視為危機管理中很重要的元素，並且做好十足的準備。其原因在於，緊急狀況所造成的嚴重傷害，通常不只來自問題本身。就像雪印乳業的例子，因為媒體的負面報導，最後才演變成難以收拾的局面。我們應該重新認識到，發生緊急狀況時的媒體應對是否適切，將成為左右企業存續的重要因素。關於這一點，第十四章將介紹「道歉啟事」的架構，有助於處理這類問題。

各位可以依據前述的步驟，用解決防杜潛在型問題的由上而下法，有系統的進行危機管理。

■風險分析就是找出潛在不良狀態的誘因

我們經常聽人說「風險分析」。其實，風險分析就是找出可能會破壞現狀的潛在性不良狀態的誘因。要解決防杜潛在型問題，首要課題是確實做好風險分析。

恢復原狀型與防杜潛在型問題之間最基本的差異是，當下是否發生不良狀態。因此，要解決防杜潛在型問題，首先要假設出不良狀態，也就是先假設**最不希望發生什麼樣的結果**。

根據風險分析制訂預防策略與因應策略

總結上述，解決潛在型問題時的課題是，在分析風險之後，要擬妥預防策略與發生時的因應策略。

如果將風險分析視為「分析潛在性不良狀態的誘因」，那麼其基本手法與恢復原狀型問題的「分析原因」課題相同。因此，回歸到一開始提及的，能否解決問題考驗著你的分析力。

我再次說明分析的定義，「分析」是指將混沌的現實區分成有意義的群集後，闡明其相互關係的一種腦力作業。**「分析作業」的本質，就是篩選出問題的構成因素，並仔細分析因素之間的關係。**

第4章

如何解決追求理想型問題

- 追求理想型問題的課題：最終目標要明確
- 實踐理想：如何解決規畫性課題
- 你能選定一個「明確」的理想嗎？

追求理想型問題的課題：最終目標要明確

■追求理想型問題，最重要的課題是定位理想

在前文中，我把問題歸納為三種類型：恢復原狀型、防杜潛在型及追求理想型，並解說如何解決恢復原狀型和防杜潛在型的問題。接下來，說明第三種「追求理想型問題」的解決方法。

就追求理想型問題而言，理想與現狀之間的落差是不良狀態的本質。前面已確認，要解決追求理想型問題，重點課題是將理想的狀況定位於何處？訂得太高，或許還沒盡力就放棄了；訂得太低，無法激發出挑戰精神。就中長期來看，把理想設定高一點並非壞事。然而，一旦下定決心要追求理想，就短期來看，最好設定一些具體且可能達成的階段性理想（目標）。

因此，我首先介紹理想已決定時的狀況，然後討論理想尚未決定時的狀況。

■「是否真的決定追求理想？」抑或是「現在這樣就可以了」

解決追求理想型問題的第一步，在於弄清楚自己是否真的要追求理想。相較之下，不良狀態已經顯在化的恢復原狀型問題，是追求恢復原狀；而可預測不良狀態的潛在型問題，則是追求預防未來的不良狀態，這兩者都是一種先驗性的假設。當然，你可以選擇擱置問題不管，但正因為你認為這樣的舉動絕非明智之舉，所以才會不斷思考如何解決問題。

相對的，在追求理想型問題中，無論是現狀或未來，都沒有極大的不良狀態，即使擱置不管，也不會有太大的困擾。因此，追求理想型問題的出發點必須基於一種價值觀，那就是追求理想是較佳的選擇（見下頁圖表4-1）。

可是在過程中，如果追求理想的成本耗費過大，有可能中途被迫中止。當然，不一定要完全放棄，也可能藉由下修理想的標準來減少成本。例如，原本希望成為醫師，後來改為藥劑師。當不上律師，也可以改以司法代書為目標。

圖表4-1 追求理想型問題的課題領域

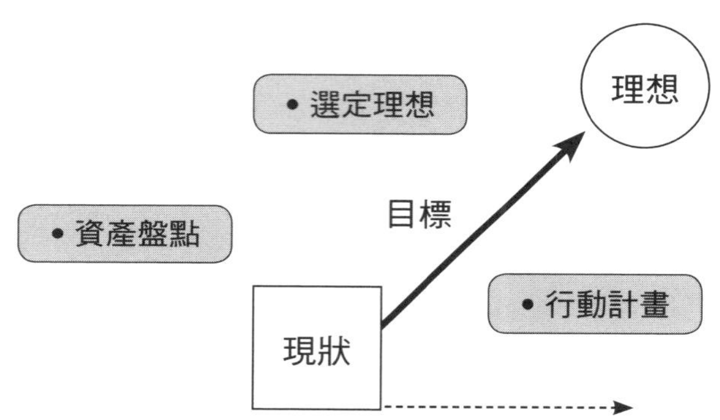

＊記號•表示課題領域，其分布位置與各時期應掌握的策略有關。

規畫性的思考，而非戰略性思考

理想與現狀之間的落差，往往因為當事者的價值觀、立場、時間點而異。舉例來說，當我們思考個人的理想（目標）時，可能有以下的狀況：

「我未來想要當律師，幫助弱小。」

「我希望體重至少比現在少個十公斤。」

「我想成為會計師，生活較穩定。」

「我想成為高爾夫球選手。」

「為了有更好的發展，我希望取得MBA學位。」

「身為一家之主，我希望擁有一棟房子。」

如果你明確的想要從事某種職業，或是取得某種證照，那麼在設定課題時，你可以提出**規畫性（operational）的設問**，像是「我該怎麼做，才能建構出理想的職涯規畫」。而解決策略的內容，便是擬訂並執行切合實際的行動計畫。

相對的，如果不清楚想要從事什麼樣的職業，或者是取得哪種證照，就必須先決定目標。這時候，課題設定需要更具**戰略性（strategic）的設問**。也就是說，你的設問必須是「我該建構什麼樣的職涯」。

另外，如果你擔任某項事業的主管，可以在經營規畫上提出更具體的課題設定，例如「該怎麼做，才能達到本期的營業目標」，那麼它的前置作業便可能是戰略性的課題，例如「與去年同期的營業額相比，本期的目標應該設為多少」。更進一步深入，課題設定可能會觸及事業部門的存在意義，像是「本部門的任務是什麼」。

綜合前述，假如你**心中已有最終目標的理想形象**，那麼在追求理想型問題的課題設定上，就會是規畫性的課題：「我該如何達到理想」。換句話說，當你擁有清楚的目標時，為了達成目標，你必須在切合實際的行動計畫上，不斷問自己要「如何做到」。

實踐理想：如何解決規畫性課題

■行動計畫的四要素

假如一位三十歲的普通上班族有這些理想（目標）：「擁有一間房子」、「取得MBA」，那麼他必須考慮自己「該怎麼做」。要解決「該怎麼做」這種規畫性的課題，必須擬訂包含以下四個項目的行動計畫（見圖表4-2）：

圖表4–2　解決規畫性課題的步驟

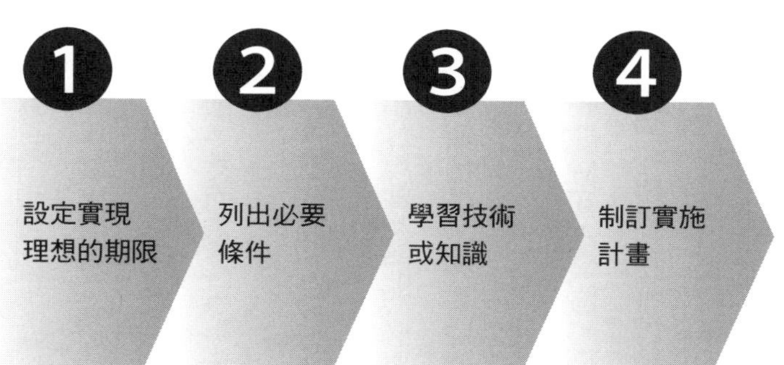

①設定實現理想的**期限**。
②列出必要**條件**。
③**學習**技術或知識。
④制訂實施**計畫**。

■①設定實現理想的期限

首先，最重要的課題是設定合理的期限。總是想著「改天再來做」，永遠也不會有具體的行動。可是，如果將期限設定得太短，也會發生障礙。所設定的期限最好是適度、充裕，卻又帶點緊迫感。

以三十歲普通上班族為例，他的理想（目標）是「明年要買一棟房子」，若沒有設定期限，即使他再怎麼努力，都很難實現。最好是以三至五年為單位來思考，比較符合現實。

相反的，以年齡來考慮，假如他想在四十歲之前取得MBA，那又嫌太晚。如果只是想要增長學識，則另當別論。一般而言，為了工作取得MBA學位，至少得在三十五歲以前。總而言之，首先替目標設定一個符合現實的期限。

■②列出實現理想的必要條件

其次，列出實現理想前的必要條件。這些條件往往成為達成目標的障礙。舉例來說，要擁有一棟房子，必要條件是必須先準備頭期款，當然還需要準備其他的經費或是貸款等。

如果想要取得MBA學位，那麼必須先籌措學費。而且，不能只想到實質上的花費，還必須將「機會成本」納入考量，例如在學校念書時會「失去上班的收入」。假如你的目標是出國留學，語言能力是必備條件。想在美國念MBA，必須在GMAT這項入學考試中取得好成績，還要請人寫推薦函。而且，應該還有許多其他的必要條件，你必須在這個階段將它們列出來。

③學習實現理想必備的技術或知識

為了達成目標，必須完成必要條件，而為了完成必要條件，必須先找到資源。因此，在了解必要條件之後，下一步就是學習技術或訣竅以完成這些條件。

不一定要在事前做好所有的準備，而且現實上也不太可能做得到。然而，資訊就是力量，你可以盡量向身邊的人求救，學會實現理想的技術和知識。也可以尋找一些專業雜誌，或是利用公家機關的資源。在情報蒐集的階段，朋友是很好的管道，網路也是強而有力的幫手。即使是需要付費的資訊，只要對方是值得信賴的建議者，多花一些成本也值得。

④制訂實現理想的實施計畫

就實現理想而言，制訂實施計畫是非常重要的步驟。不管如何設定期限，或是列出為了達成目標必備的事項和技術，但如果沒有**用時間軸來串連**這些東西，那就傷腦筋了。因此，你必須制訂出留意細節的實施計畫，安排出具體的順序。沒有方向的活動很難有成果，而「實施計畫」這個步驟能為活動帶來方向。另外，必須注意不要將活動和成果混為一談。

實務上，一般運用「甘特圖」（Gantt chart，也稱為「條狀圖」，見一〇八頁圖表4-3上圖）來呈現計畫的實施進度。甘特圖的縱軸表示計畫的必要實施項目，橫軸不僅標示日程，還用帶狀橫線來表示各個實施項目的進度。甘特圖最常用於管理工廠人員和工程進度，橫軸表示時間，而縱軸上記載了人員和製造設備等，顯示出每個工程的個別開工日和完工日。

甘特圖不需要做到百分之百完美。重要的是，將想要完成的最終目標落實在平時的具體活動上，累積平日的小成果來達成最後的大目標。例如，鈴木一朗的名言：「我的目標是**下一次**打擊時擊出安打」、「偉大的紀錄也是從一次次小小的紀錄累積而來」。由此可見，千里之行始於足下。

■用PERT／CPM最有效

接下來的部分可能涉及一些專業，不過有助於制訂規畫性的課題和實施計畫。我將概略介紹「計畫評核術／要徑法」的手法。

所謂「計畫評核術／要徑法」（Program Evaluation and Review Technique/Critical Path Method，簡稱PERT／CPM），是一種被稱為「作業研究」（Operations Research）的研究方法。它起源於一九五七年，是美國海軍為了製造北極星導彈，而開發出來的日程管理方法。

軍方用這個方法替各個作業之間的關係，畫出脈絡清晰網絡圖。從這樣的圖表（見下頁圖表4-3下圖）中可以知道，如果要完成該計畫，要先從哪個作業項目著手，並且何時開始、何時結束。

透過這個手法，能夠有效率的找出瓶頸。而且，當該計畫可以追加作業費用、以縮短完成時間時，這個手法可以判斷，縮短哪個作業的時間所需要的費用最少。

圖表4-3 甘特圖和PERT圖的圖例

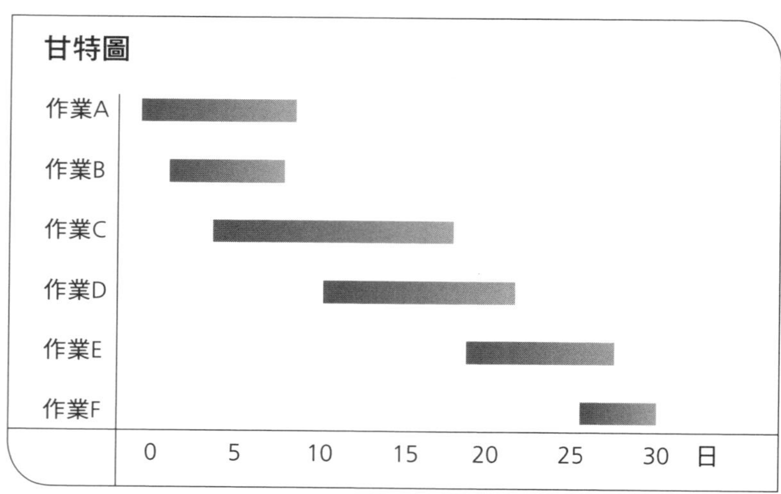

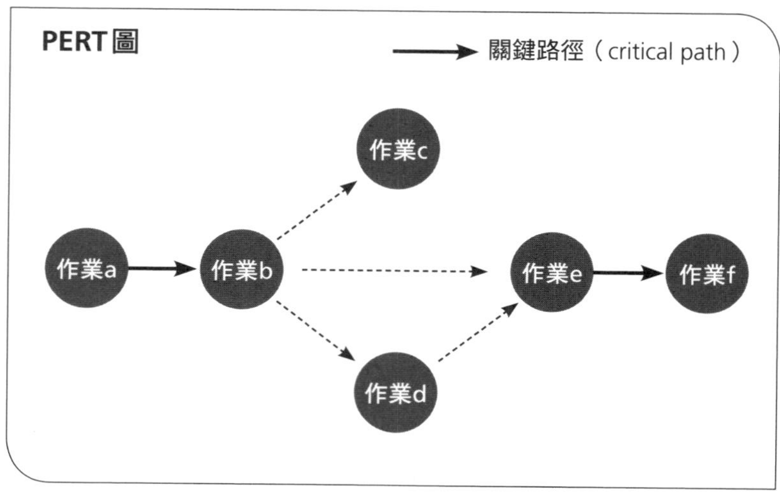

你能選定一個「明確」的理想嗎？

■理想，經常並非那麼明確

如果最終目標（也就是理想）具有明確的形象，可以依照以下四項課題，來擬訂行動計畫：①設定實現理想的期限；②列出必要條件；③學習技術或知識；④制訂實施計畫。

如果理想形象、目標本身並不明確，該怎麼做？在日常生活中，我們常會覺得某些事情雖然目前沒有很大的麻煩，或是出現重大的不良狀態，但又隱約感覺它們「可以更好……」。有時候，則是明明對現狀不滿，卻又說不出明確的目標為何。

這種狀況可說是「從一開始的原狀就不順利」的恢復原狀型問題。如果從一開始的原狀就不順利，那麼到底要恢復到何種程度？這便成了棘手的事情。

■現狀分析，難以導出明確的理想

我們很難藉由分析現狀來引導出理想形象，無論把狀況分析得多麼細緻，也只能表明目前的狀況，無法浮現出理想的形象。其原因在於，我們的價值觀會深深影響理想的樣貌，而價值觀的本質具有規範性，要從記述性的現狀分析引導出價值觀是很困難的事。

回顧前面「要擁有一棟房子」的例子。在思考這個目標時，會做很多比較，例如該買透天厝或是大廈公寓；比較房子的經濟效益、便利性、心理滿足度。接著，對照自己內心的價值基準，像是「經濟效益高比較好」、「便利性高比較好」、「心理滿足度高比較好」等。經過這樣分析狀況的過程，最後才會下判斷：「擁有這樣的房子最理想。」

同樣的，假如某人希望取得ＭＢＡ學位。當我們思考這個目標時，起初只能分析出，這是在「希望提升經歷」的價值觀下，把ＭＢＡ當作有效達成目標的手段。如果繼續深究下去，會出現另一個疑問：「為什麼希望提升經歷呢？」我們能隱約察覺其背後的價值基準：「經濟效益高比較好」、「心理滿足度高比較好」。

但是，如果我們只分析狀況，那麼不管如何深入，還是無法導出價值觀本身，像是「經濟效益高比較好」或是「心理滿足度高比較好」。這是因為價值觀並非自明之理。

■價值觀明確，狀況分析能得到理想的具體形象

換句話說，唯有各式各樣的價值基準為已知條件，才能夠藉由分析狀況，引導出「理想形象」這個追求價值的手段。例如說，思考個人問題時，最好根據自己的價值觀列出「目標清單」，這樣比較容易勾勒出具體的理想形象。可以試著從健康、家庭、職業、經濟、社會、精神、興趣等各個層面，具體規畫自己的夢想和理想。而且，先從重要性較高的部分開始挑戰。

換句話說，這個方法是以自我的價值觀為基礎，追求屬於自己的理想形象。既然價值觀因人而異，那麼所追求的理想自然多種多樣。我們不需要追求既成的理想，應該追求量身訂做的理想。

■隨著時代變遷，理想也會改變

即使基本的價值觀維持不變，但是理想形象往往會隨著環境、或是時代的變化

而改變。

舉例來說，從歷史的角度來看企業的理想形象。從以前到現在，雖然有各式各樣的制約，但是企業的最終目標依然是創造利潤、永續經營。「合理獲利」這個價值觀，可說是長久以來並未改變。但是，回顧企業的歷史，在各家企業追求「合理獲利」價值觀的同時，「理想形象」這個追求價值觀的手段，也隨著經營環境變遷而改變。我們可以從企業經營目標的變化，清楚看到這個改變。

■以前，企業的目標是成為大型企業

在日本高度經濟成長期（一九五八年至一九七三年左右），企業的目標著重在擴大市場占有率。在那個規格統一、大量生產的時代，大家都大量製造同一種產品，使得單一產品的固定成本下降。在製造產品的原物料方面，也可以因為大量採購而享有數量折扣的優惠。換句話說，在那個時代，大家注重的是如何達成規模經濟。如同綜合商社互相競爭總營業額第一，當時所謂的理想企業就是大型企業。

不僅在商業上，社會大眾也非常熱衷於追求規模。作曲家兼指揮家山本直純

（二〇〇二年去世，享年六十九歲）有一句風靡一時的廣告詞：「大就是好」，我想老一輩的人應該記憶猶新。

■一九八〇年代的理想是收益最高

高度經濟成長期也是交通競爭和公害的時代。一九七三年的石油危機時，「狹窄的日本，急著去哪裡？」這句口號，像是宣告上個時代的結束一樣流行起來。這句口號原是用於防止交通事故，卻無意中傳達出，整個社會對於「規模和效率至上」的價值觀已經轉換了。

經歷一九七三年和一九七八年兩次的石油危機之後，一九八〇年代成為反省的時代，日本大眾開始反思過去對於「大」的迷思。最具象徵性的事例，就是三菱商事（知名綜合商社）在一九八六年，決定要放棄競爭營業額，轉而重視獲利。從三菱商事的自省：「難道規模越大，一定越賺錢？」就可以看出企業已將目標改為確保獲利。

■經濟崩壞後，重視企業價值和CSR

一九八〇年代後半，泡沫經濟崩潰。進入一九九〇年代，以投資信託和年金基金為代表的投資機構抬頭，「增加『經濟附加價值』（Economic Value Added，簡稱EVA）」、「企業價值管理」、「股東價值管理」等企業目標，越來越受到重視。這時候，「利潤」這個目標的概念，已經從過去會計上的「利潤」，被重新定義為比現金流更為廣義的經濟利潤。

現代講究「企業社會責任」（Corporate Social Responsibility，簡稱CSR）亦即企業必須對它所有的利害關係者負起責任；利害關係者範圍廣泛，包括了顧客、股東、從業人員、客戶、附近住民、投資人、金融機關、政府監督單位等。現今，要求企業所擔負的社會責任，已經遠遠超過從前企業在經濟和法律上的責任。人們已普遍認為，對地方有貢獻、遵守倫理、擁有名望等「具社會性」的企業，才能在二十一世紀贏得眾人的掌聲（見圖表4-4）。

企業的主要目的是獲利與存續，這一點從未改變。但是，隨著環境的變化，「經營目標」這個手段以及「利潤」的定義，已經與時並進而有所改變。

圖表4–4 甘特圖和PERT圖的圖例

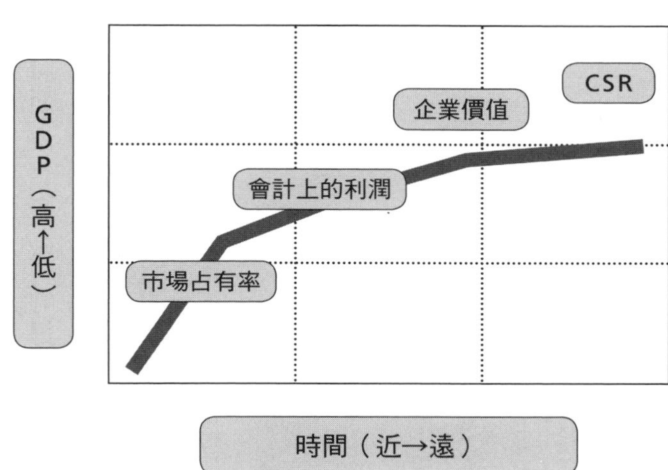

■追求理想時，不要混淆了手段和目的

無論你是否設定了理想形象，請注意不要混淆了「達成最終價值」與「追求理想」，前者是目的，後者是手段。

舉例來說，在個人層面上，某人為了達成「增進健康」的目的，將購買理想的健身器材當作手段。但有一天，他發現自己把購買器材當作目的了，因為他買了一堆健身器材，卻很少使用。

在企業層面上，某家公司的目的是回應消費者喜歡便宜產品的需求，那麼手段應該是大量生產同規格的產品，以降低成本，但是該公司卻在不知不覺中，將大量生產相同規格的產品當作目的了。因為消費者的需求已趨向多樣化，但公司卻只顧生產廉價商品，導致業績滑落。

在追求理想之際，必須時常自省，最終想要達成的價值和目的為何，否則很容易將手段與目的相互混淆了。

第 5 章

如何以「分析」發現問題

- 「發現問題」是很重要的能力
- SCQA分析，幫你發現問題、設定課題
- 自己找問題，實踐SCQA分析
- 向客戶做提案時的應用竅門

「發現問題」是很重要的能力

■解決問題的原點在於「發現問題的存在」

我在前言中提過，解決問題的原點在於發現問題的存在，換句話說，就是發現期待的狀況與現狀之間的落差。為什麼呢？因為，在問題沒被發現之前，當事者並未認知到有解決的必要，當然也不會採取行動。

當我們每天為例行公事忙得團團轉時，其實很難察覺問題的存在。不過，**當落差越趨明顯，任誰都能輕易察覺，若一旦問題演變到這個階段，往往很難收拾。因此，最好在初期階段、事態尚未擴大時就發現問題**。

K（三十二歲，男性）在一家電熔爐廠商上班，任職業務企畫部門。該公司製造的電熔爐可將鐵屑熔解及精煉，用來生產鋼材。相較於大型的熔爐企業，該電熔爐廠商無論在規模和生產量上，都屬於較小型的公司。K每天都忙著協調各個部門的業務，並製作會議資料。以下是K與S課長之間的對話：

S：K，你過來一下……之前請你整理的熱軋鋼捲的數字，我看過了，我覺得成長似乎有些停滯。

K：是嗎？（看資料）可是，銷售總額越來越高呢。

S：不過，成長率似乎減緩下來……（一邊按計算機）唉，比計畫目標低很多耶。

K：您這麼一說，的確是這樣子……。

S：咦，電鍍鋼板的趨勢也有些問題喔！

K：是嗎？

S：K，你看清楚。你的工作不是只要記錄數字，整理資料就好！製造部門完全跟著我們預測的成長率，不斷進行生產。你提供這種數字，到時候會造成一堆庫存。這份報告太糟了，趕快重新處理。

K：是，我知道了，真是抱歉……。

K似乎沒發現問題的存在。他最大的問題在於沒發現成長率的變化。不管是銷售總額的演變或是人員的行動，發現問題最重要的關鍵是對變化要夠敏感。

問題必須靠自己找出來

或許有人暗自忖度，所謂的「問題」，就是由別人提供已知條件給自己。沒錯，確實有這樣的情況。至少在學生時代，問題便是由教師所提供，而且所謂優秀的學生，是指能夠針對教師所提出的問題，有效率的提出正確解答的學生。可是，在現實社會裡，少有主管會像教師出作業一般來對待部屬。

美國喬治・布希（George Bush）總統的母校哈佛商學院，流傳著一則笑話。有的企業主認為：「哈佛商學院的畢業生出社會工作後，沒有人肯實際行動，直到有人給他們個案研究為止。」該校很有名的地方就是，所有課程均以個案研究的方式進行。在教師給予個案（問題）之前，學生無法預習，教師也無法上課。換句話說，沒接收到問題就不會採取任何行動。這則笑話諷刺了哈佛商學院被動的態度。

不管其真實性如何，被動的態度並不可取，解決問題的出發點就是要積極發掘出問題所在。

■自己權限內的問題，才是「能解決」的問題

人們經常說：「應該以大格局看事情。」這句話是在建議，看事情不能只挖掘細部，要用更開闊的視野來掌握事情的全貌。換句話說，不能只看每棵樹木，還要俯瞰整座森林。從「解決問題」的觀點來看，這種掌握整體狀況的角度也很重要。但要注意的是，當你對於該問題沒有權限時，也無法解決它。

舉例來說，負責東京地區銷售的業務員N，即使發現「本公司的問題在於，歐洲的銷售通路太弱」這個恢復原狀型問題，意義也不大，因為從「解決問題」的觀點來看，N能做的只限於他的職責範圍。

歐洲的銷售通路與期待的狀況產生落差，對公司而言或許是很重要的問題。但是，歐洲的銷售通路不是N的業務範圍。一不小心，他不但無法解決問題，反而成為紙上談兵。所以，最重要的是先專注於自己的工作範圍，先在自己有權限的地方發覺問題。**要擁有大格局的視點，但別超出自己的守備範圍**，要以當事者的身分腳踏實的解決問題。

問自己六個問題，有助於發現問題

解決問題的出發點在於發現問題。接下來，介紹幾個具體的技巧，幫助大家事先發掘問題。問自己以下六個問題，將有助於發現問題。例如：

「現狀與期待的狀況之間有無**落差**？」

「現狀有沒有發生什麼**變化**？」

「是否覺得哪個部分進行得**不順利**？」

「是否有些事情**未達標準**？」

「有沒有哪些事情**不是你原先期待的狀態**？」

「**若置之不理**，將來是否會發生重大的不良狀態？」

回答這些問題，有助於你辨識問題的類型：恢復原狀型問題、將來可能發生不良狀態的防杜潛在型問題，或是超越現狀邁向理想的追求理想型問題。自問自答這幾個問題，能幫助你掌握具體的問題，並確認每個問題的本質。

SCQA分析，幫你發現問題、設定課題

■發現問題和設定課題，SCQA分析最好用

前面我們已經確認，解決問題時發現問題和設定課題有多麼重要。另外，問題未必是別人給你的，必須自己主動發現問題，並設定課題。

那麼，怎樣才能有效率且確實的發現問題，並設定出貼近問題本質的課題呢？無論問題或是課題都不會憑空出現。雖然有時候可以憑直覺，但最重要的還是腳踏實地分析狀況。

我推薦一個麥肯錫顧問公司經常使用的方法，叫做SCQA分析（按：Situation-Complication-Question-Answer Analysis，為金字塔原理寫作與分析架構）。使用這套分析工具，能有效持續掌握著發現問題與設定課題的過程。

■藉由描述狀況，設定問題和課題

所謂SCQA分析，是透過描述當事者的心理及狀況，在發現問題的過程中，以設問的方式刻畫出課題的問題接近法（各步驟見左頁的圖表5-1）。

SCQA分析的第一步驟，是預先確認當事者的具體形象，無論當事者是人或公司。

第二步驟，是描述當事者過去的經驗、目前穩定的狀態和心中的理想，以及未來的目標。這是SCQA中的S，也就是「狀況」（Situation）。在S當中，可以穿插對於當事者的描述。

第三步驟，是假設一個正在顛覆目前穩定狀態的事件。假設事情的進展變得非常不順利，或是在目前穩定的狀態中，發生了嚴重的不良狀態或障礙。這個步驟是C，也就是「障礙」（Complication），可說是問題。在這個階段，你會發現問題的存在，也就是現狀與期待的狀況已產生落差。C不一定是指不良狀態，它代表某事件顛覆了目前穩定的狀態。因此，或許危機就是轉機，C也可能是千載難逢能實

圖表5–1 SCQA分析

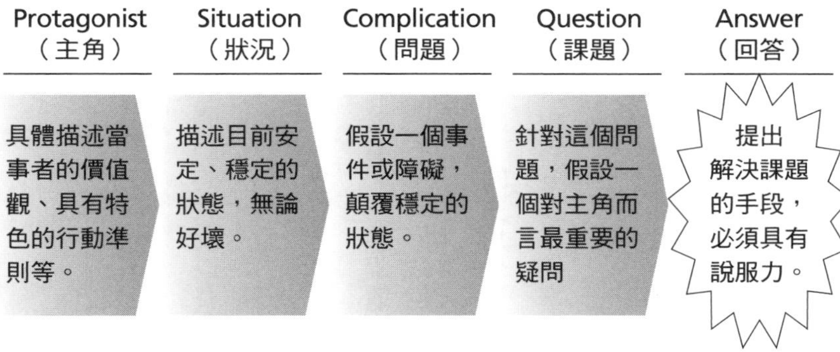

Protagonist（主角）	Situation（狀況）	Complication（問題）	Question（課題）	Answer（回答）
具體描述當事者的價值觀、具有特色的行動準則等。	描述目前安定、穩定的狀態，無論好壞。	假設一個事件或障礙，顛覆穩定的狀態。	針對這個問題，假設一個對主角而言最重要的疑問	提出解決課題的手段，必須具有說服力。

現理想的契機。在這個階段，必須分辨出自己的問題是屬於三種類型中的哪一種。

下一步，是在SC的過程中，**用自問自答的形式來假設各種課題**。這是第四步驟的Q，也就是「疑問」（Question），可說是課題。Q本身能反映出對當事者而言的重要課題。對於所有的問題類型而言，在分析原因、緊急處置、根本處置、預防策略、防止復發策略、選定理想等重要的課題領域當中，Q都是設定具體課題的步驟。

最後的第五步驟，即是思考出Q的解答。這是A，也就是「回答」（Answer）當事者的核心疑問，可說是解答。這裡的

Ａ，指的是思考假設性的解答方案，其中還伴隨了篩選及評價替代方案。

■利用「說故事」，強化ＳＣＱＡ分析

描寫當事者碰到的狀況以及心思意念的轉換，就可以勾勒出問題的全貌，並且直指本質性的課題，這就是ＳＣＱＡ分析的精髓。其實，世界上有很多故事的起頭都是ＳＣＱ的模式，我最喜歡用家喻戶曉的「桃太郎」當作例子（見圖表5-2）。

「很久很久以前，在某個地方住著一對老公公和老婆婆。」以ＳＣＱＡ分析來看，故事開頭的第一句話便明確指出當事者，屬於第一步驟。

雖然「桃太郎」的主角是桃太郎，可是故事一開始時，他還沒出生，因此，請大家先把老公公和老婆婆當作當事者。事實上，開頭這句話雖然很短，卻幾乎涵蓋了５Ｗ１Ｈ的七〇％的資訊。

儘管資訊的涵蓋範圍很廣，然而「很久很久以前，在某個地方住著一對老公公和老婆婆」這句話太抽象，描述方式也曖昧不明。「很久很久以前」是多久？「在某個地方」是哪裡？但其實，抽象的描述能刺激想像力，讀者能透過想像，讓故事

越來越壯大。

然而，從解決問題的觀點來看，在**實際運用SCQA分析時，對於當事者的描述要具體**，避免使用「很久很久以前，在某個地方……」這種用法。假如主角是不特定多數的「消費者」，那麼可以在眾多消費者中找出共通的特徵，並且運用想像力去投射在具體的人物形象上。

■穩定的狀態：S

回到桃太郎的故事。「每天，老公公都上山砍柴，老婆婆則到河邊洗衣服。兩人和睦相處，過著安穩的生

圖表5–2 SCQA分析（桃太郎案例）

Protagonist（主角）	Situation（狀況）	Complication（問題）	Question（課題）	Answer（回答）
很久很久以前，在某個地方住著一對老公公和老婆婆。	每天，老公公都上山砍柴，老婆婆則到河邊洗衣服。	有一天，老婆婆到河邊洗衣服，看到河川上游有顆大桃子順著河流漂過來。	要撿起漂來的桃子帶回家嗎？	機會難得，帶回家吧。

活。」這部分是S（狀況），描寫當事者穩定的狀態，是SCQA分析的第二步驟。所謂「穩定的狀態」，不一定是平安無事。即使是艱困的狀況，只要是穩定持續，都屬於S。

「很久很久以前，在遙遠的銀河系……某個文明為了生存而奮鬥，對抗邪惡帝國和黑暗勢力」（It all began in a Galaxy, far, far away, very long time ago...a civilization's struggle for survival against the evil Empire and the Dark Side of The Force.），是大家都很熟悉的電影《星際大戰》（*Star War*）的片頭旁白。奮戰是個艱難的狀態，但只要是長久且持續性的，一律視為「穩定的狀態」。

■顛覆穩定的C，其描述就是「發現問題」

「有一天，老婆婆和平時一樣到河邊洗衣服，看到河川上游有一顆很大的桃子順著河流搖搖晃晃的漂過來。」假如老婆婆每天到河邊洗衣服時，從未碰過這樣的狀況，那麼對老婆婆而言，這便是一個重大事件。我們可以把這個狀況視為C（問題）。老婆婆發現了「桃子從河川上游漂過來」這個問題，相當於SCQA分析的第三步驟。

我們再深究老婆婆發現的問題，是屬於哪種類型。如果從「干擾老婆婆安穩的洗衣活動」這個觀點來看，它屬於恢復原狀型問題。但是，如果從「桃子漂過來」的觀點來看，由於老婆婆想把桃子拿給老公公當點心吃，這是個難得的機會，因此它屬於追求理想型問題。

由C誘發的Q，是當事者的課題

老婆婆在發現「大桃子漂過來」這個問題之後，或許腦海裡浮現出一個疑問：「該放過這麼大顆的桃子嗎？還是該帶回家給老公公當點心吃？」以SCQA分析來看，這樣的疑問反映出當事者關心的事，屬於Q（課題），是第四步驟。這可說是老婆婆的一個具體課題。「該不該帶回家？」這個疑問，是追求理想型問題的根本課題，其實就是一個設問：「該不該追求這個理想？」

這時候，她心想：「機會難得，應該帶回家」，又想著：「不，這種來路不明的東西，讓它漂走比較好。」這個部分屬於A（回答）。由於這個例子的課題設定屬於「是或否」的類型，因此不存在帶回家以外的替代方案。這是SCQA分析的第五步驟，也是最後一個步驟。

■貼近本質的課題最重要

我們把解決方案（思考答案）這件事挪到後面，先回到正題，也就是設定課題。這裡假設的課題是「該不該追求理想？」，也就是「該放過桃子嗎？還是該帶回家？」這樣設定課題，貼近現實，很不錯。

另外，我們還可以假設其他幾種可能的疑問，例如「世間真的會有這麼大顆的桃子嗎？」或是「這顆桃子好吃嗎？」這樣設定課題，更接近本質。

我們首先來看「世間真的會有這麼大顆的桃子嗎？」這個很重要的課題，因為這個疑問，關係到追求理想的機會是真是假。當下，眼前確實漂來一顆桃子。因此，如果老婆婆信任自己對於狀況的掌握，並且判斷追求理想的機會為真，那麼自然會連接到下一個課題：「要不要帶回家？」

相反的，如果老婆婆認定「世上不可能有那麼大的桃子」，將眼前的狀況視為假，那麼她或許會懷疑自己的視力是否有問題。假設老婆婆視力正常，她或許會認定，自然界中不可能存在這種東西，因此這並不是追求理想的機會。如此一來，她最後應該會判斷：「不要帶回去比較好。」

■選出最重要的疑問當作課題

那麼，「這顆桃子好吃嗎？」這個疑問，與「桃子漂過來」的狀況一樣，必須先判斷它是不是追求理想型問題。「該不該帶回家？」這個疑問，可以幫助我們決定是否追求理想。其原因在於，如果桃子好吃可以考慮帶回家；如果不好吃就讓它漂走。

假設性的疑問越來越多。**當追求最貼近本質的課題設定時，必須不斷捫心自問：「回答這個疑問時，是以何種資訊作為判斷依據」**，將有助於找出最重要的疑問。而這個最重要的疑問，就是最重要的課題。

稍微整理一下，對故事中的老婆婆而言，最重要的疑問（也就是課題）是「要不要將所面臨的追求理想型問題，視為追求理想的機會。」弄清楚這一點之後，就要進行規畫性的課題，也就是擬訂「從河中拾起桃子搬回家」的行動計畫，並且付諸實施。這對老婆婆而言不算困難。

但是，真正惱人之處是，這顆桃子到底好不好吃，得先搬回家試吃後才會知道。換句話說，她必須先付出成本，才能確認結果能否產生利益。無論如何，最後裡面生出桃太郎，是好的結果。但是，那顆桃子到底吃起來味道如何？

ＳＣＱＡ分析，是一種能有效率的發現問題和設定課題的架構。將ＳＣＱＡ分析與問題類型的重要課題領域加以融合，就能夠有效率的找到老婆婆的重要課題：「該不該把漂來的桃子帶回家？」

自己找問題，實踐ＳＣＱＡ分析

■ＳＣＱＡ分析實例

為了讓各位讀者更加了解ＳＣＱＡ分析，接下來我要介紹另一個事例：一家美國製藥公司巴爾丹（公司名為虛構），想以主力產品「氣喘藥希拉利」（藥名為虛構）打入日本市場。以下是該公司討論出來的宣傳策略。

■第一步驟：S——原本穩定的狀態描述

一九八X年，本公司「巴爾丹製藥」從美國的「企業工業公司」獨立出來，成為專門生產藥劑、生技產品的企業。創立三年以來，本公司的營業額成長三倍。其中利潤率最高的醫藥品部門，預估透過新藥的投入，在二〇〇四年以後，更進一步擴大事業規模。目前，本公司抗癌藥物的全球市占率為第二位。未來，將奪下全球抗癌藥物的龍頭寶座，並規畫盡速開拓新領域，打進基層醫療（primary care）市場。

因應這個成長策略所開發出的氣喘藥「希拉利」，去年已在芬蘭、愛爾蘭、美國銷售，明年更將在英國、法國、德國、義大利、加拿大等國家上市。

這是S（狀況），也就是穩定的狀態，表示目前的成長都很順利。而下一個步驟是發現問題的C（問題）。

■第二步驟：C——顛覆現狀、發現問題

本公司預定兩年後在日本上市新藥「希拉利」。由於這是本公司在呼吸道相關領域的第一項產品，而且日本市場的規模僅次於美國，因此寄予厚望。尤其，在這三十年間，日本成人罹患氣喘的比率增加了三倍，估計往後還會持續擴大。

但在日本，對手X製藥已經推出新藥「巴特拉」（藥名為虛構）（年營業額達一百億日圓〔按：一日圓約為新臺幣〇・二七元〕），是市場中唯一的白三烯拮抗劑（Leukotriene antagonist，口服抗過敏藥劑）。緊追在後的是，正在開發階段的本公司的「希拉利」以及Y公司的「XR645」（藥名為虛構）。預測「希拉利」在白三烯拮抗劑的市場排名位置上，應

可占第二。

然而，對本公司來說，呼吸道相關藥品是全新的領域。並且，對於訴求對象，也就是醫師而言，本公司的強項向來是「癌症、循環系統」藥品。對於患者而言，本公司在企業知名度和認知度上，還需要加強。

更進一步來說，「希拉利」在產品上與「巴特拉」沒有太大的差別，加上當地規定產品在上市前不得打廣告，因此必須提前溝通，讓大家認識疾病與療法，以訴求希拉利在該領域中的定位。

在第二步驟C中，不僅顯示了在有成長機會的市場裡，已存在著競爭對手，還指出了巴爾丹公司本身的問題。C幫助當事者發現問題。如同各位察覺的，以問題類型來說，這個案例屬於追求理想型。巴爾丹公司在追求理想的過程中，同時還碰到了阻礙。

接下來是步驟Q（課題）。

■第三步驟：Q——列出待完成的課題

根據上述的情境，目前離上市還有三年，在這段時間內，本公司的當務之急是制訂與實施以下的宣傳策略。

①如何提升消費者對於「本公司是一家國際企業」的認知？

②如何讓消費者產生「本公司在氣喘治療也很在行」的印象？

③如何讓消費者知道「本公司在白三烯拮抗劑的市場中取得優勢」？

④如何使「希拉利是最好的口服藥劑」的觀念烙印在消費者心中？

在這裡，巴爾丹公司以設問的形式，凸顯出步驟C所遭遇的問題。以問題類型來看，這屬於追求理想型。該公司已認知到有追求理想的機會，也決定去追求。因此，課題應該集中在「要追求到什麼程度？」

在第四步驟Ａ（回答）中，巴爾丹公司要對於上述的各種設問提出實行計畫，包括替代方案及其評價。

附帶說明，在這次的ＳＣＱＡ分析中，可以加入「３Ｃ」的架構。３Ｃ是策略用語，表示分析時必須著重三個以Ｃ為開頭的主題：自家公司（Company）、競爭對手（Competitor），以及顧客或市場（Customer）。至於３Ｃ的詳細說明，請參照本書第十三章。

向客戶做提案時的應用竅門

■解決問題與提案說明都需要本書

本書是幫助讀者解決問題的指南，但應用範圍不局限於此。**三種問題類型的區分、各個課題領域的架構，以及解決問題的技巧，對於工作性質是提供解決方案、提案型的人而言，有很大的幫助。**近幾年來，在向企業提供高額的商品和服務上，這種類型的業務深受重視。而且，所謂「提案型業務」，具體來說，就是針對企業顧客的問題提出可行的解決方案（solution）。

接下來，我想從「提供解決方案、增加提案廣度」的觀點，介紹如何運用解決問題的技巧，來掌握顧客的思慮。

■幫你切中對方在乎的問題與課題

在日常的業務往來當中，有契合對方承辦人的思慮嗎？我並不是指彼此的興趣或個性合不合，而是希望在充分理解對方的「問題意識」之後，再進行洽談。

舉例來說，你提出的問題是在**對方的業務範圍內，並且是對方關心的**嗎？或許，你不會誇張到向人事部門的人談論製造技術的問題，但有可能對方明明對新事業感興趣，你卻一直提既存事業的話題。不僅如此，即使你的問題符合對方的領域，也不一定是對方重視的問題類型。可能對方想談論追求理想的問題，但你卻與他談論恢復原狀型問題。

另外，即使你提出的問題領域和問題類型都切中對方的期待，但很可能你們彼此的思慮無法契合，因為你並沒有將焦點放在對方重視的課題領域上。例如，對方想要進行根本處置，但你卻一直分析原因或是提出防止復發的策略。**像這種磨合問題意識的方法，也可以運用在公司內部的討論。**

■萬一對方「狀況外」……

相信大家透過上述所說明的「契合對方的思慮」，已經了解所謂「符合對方的問題意識」，是指**提出的問題領域、問題類型、課題領域與對方一致**。這是進行提案型業務的基本功課（見下頁圖表5-3）。

但有時候，對方的問題意識不一定那麼明確。這時候，最好的作法是依據對方的需求追加提案。當然，如果對方的問題意識毫無章法，可能使狀況更加惡化，那就另當別論。在有些場合裡，對方甚至連問題意識都沒有，因此你還要多加一道程序，那就是**向對方說明**，你提出的問題領域、問題類型、課題領域，對他而言是多麼重要。

假如你負責的是提案型業務，要針對顧客的問題提出可行的解決方案，那麼你

圖表5-3 問題認知的座標軸

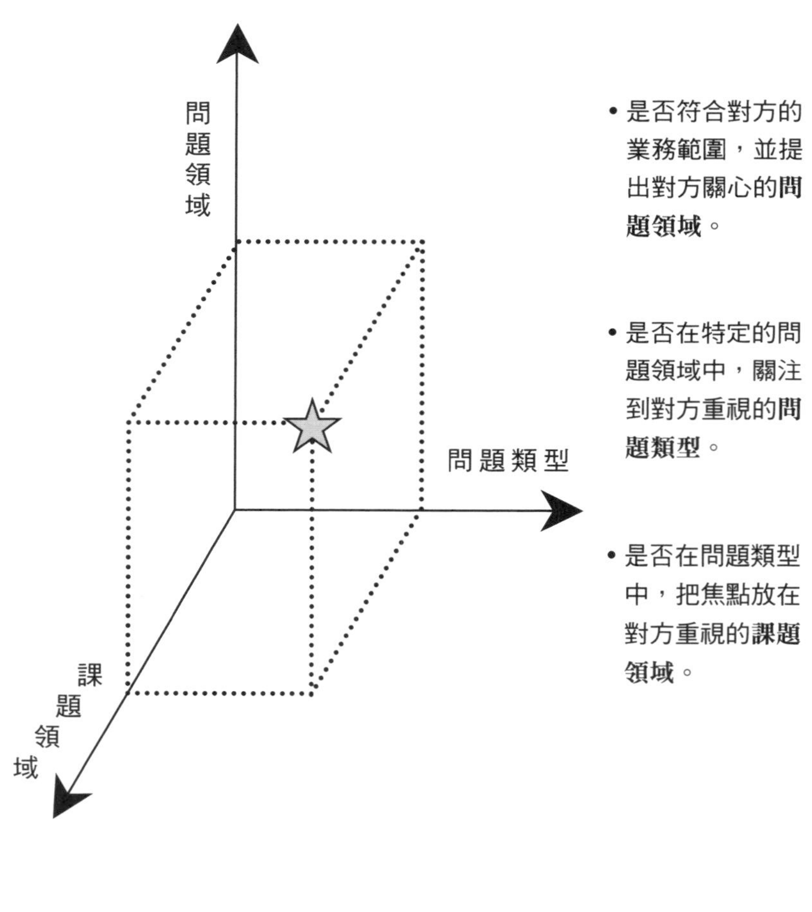

問題領域
問題類型
課題領域
• 是否符合對方的業務範圍，並提出對方關心的**問題領域**。
• 是否在特定的問題領域中，關注到對方重視的**問題類型**。
• 是否在問題類型中，把焦點放在對方重視的**課題領域**。

可以直接應用本書中解決問題的步驟。差別在於，你提出的「問題」是否切中對方的想法。因此，提案的第一步是發現對方的問題。如果可以確定問題類型，就能夠進一步鎖定課題領域。如果能契合對方的思慮，讓這個步驟水到渠成，那麼接下來就能針對需要解決的課題，提出各種替代方案，然後促使對方依照適切的評價基準做出決定。

■用提案擴大既有交易，讓客戶買更多

通常，向企業提供的商品和服務越高價，生意越難自動找上門。一般而言，要做成生意，必須先擁有一定的實績和人脈。因此，在這個類型的商品或服務的業務上，所追求的目標就是擴大既有交易。

客戶想聽到的提案是如何提升既有交易的廣度。當提出的方案離既有的交易越遠，對方接受的機率就越低。所以，必須以現有的人脈為切入點，擴大人際關係，盡量提升既有交易的廣度。你可以應用本書的分類問題與設定課題領域的架構，達到這樣的效果。

具體而言，一開始顧客會提出需求或詢問。這時候，除了確實回應顧客的問題，還要確定問題類型和課題領域。例如，假如顧客詢問的問題，屬於恢復原狀型問題的緊急處置，你可以追加提出同一問題或課題領域的策略提案。

如果狀況許可，還可以再提出同一問題類型的不同課題領域的提案，比方說，你可以提出根本處置與防止復發策略等。接下來，你可以再嘗試提出同一問題領域的其他問題類型的提案，像是防杜潛在型或追求理想型。像這樣提出切合實際問題的提案，就能夠按部就班、有效率的提升雙方業務配合的廣度（見圖表5-4）。

圖表5-4 提升提案的廣度

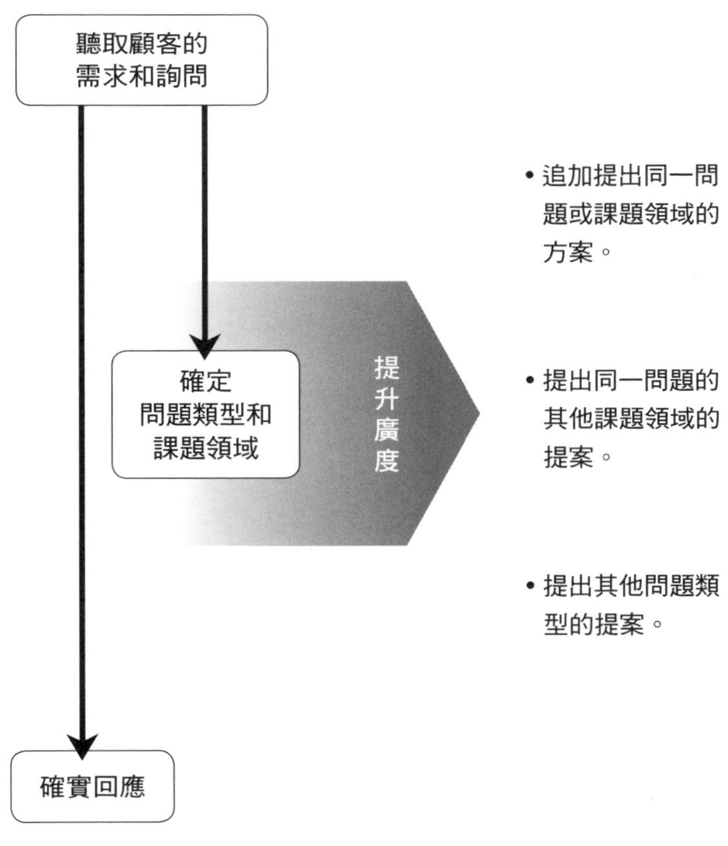

第 6 章

如何掌握問題的本質，訂出替代方案

- 問題背後的問題：課題的本質是什麼？
- 如何理性評價各種替代方案
- 萬一只有一個解決提案，怎麼辦？
- 用於執行的行動計畫

問題背後的問題：課題的本質是什麼？

■錯誤的解決策略，反而讓問題惡化

先發現問題，再設定課題，最後思考解決策略。但是，如果提出的解決策略策略是錯誤的，那麼當然無法期待能夠解決問題。

舉例來說，某家公司煩惱於不知如何擴張本業，最後決定採用「多角化經營」（美其名為「本業的延伸」）來改善現狀。但是，跨足不熟悉的領域開展事業，結果不僅使業績每況愈下，問題也日益惡化。

有些例子比較極端，例如隱瞞設計有疏失的汽車零件，造成人命傷亡；為了減少庫存牛肉，竄改原產地以符合國家收購條件；將賣剩的牛奶混入新牛奶來銷售。這些都是錯誤的解決策略。實行錯誤的解決策略，將使原本的問題更加嚴重，最後自作自受。

■適切設定課題，多想幾種替代方案

無論哪一種類型的問題，共通點是課題都有待解決。換句話說，在解決問題的過程中，必定有「思考解決策略」這個程序。一般而言，當我們想要解決某個問題時，一定會思考**複數的**解決策略，也就是所謂的「各種替代方案」（alternative solutions）。

換句話說，草率的決定採取某個方案，認為「只有這個方法了！」，是很危險的。一位聰明的問題解決者，應該要針對已設定好的課題，從複數的解決方法中選出最合適的。

接下來，我將從「制訂與評價各種替代方案」的觀點，來思考解決策略，這是所有問題的共通課題。

■解決方案只選一個，但不能只想一種

以恢復原狀型問題為例，試圖將現狀恢復原狀的因應策略就是替代方案。還有，在防止復發策略中，也需要替代方案。若是防杜潛在型問題，為了預防不良狀

態，以及控制問題發生後的損害程度，通常要有複數的解決策略。同樣的，若是追求理想型問題，選定理想之後，必須思考行動計畫的幾種替代方案。如果尚未選定理想，就要從數個理想中選出一個，這也是一種替代方案。

當我們擁有複數的解決策略時，通常只要挑最好的來實施即可。其實原因在於，既然每個方案都能幫我們解決課題，只要採取其中之一便已足夠，而且從「資源分配」的觀點來看，同時採用複數的方案，成本負擔太大。因此，在制訂出複數的解決策略（替代方案）之後，必須根據確實的評價基準來選擇，不論解決任何類型的問題，這都是極為重要的作業。

■解決問題的第一步：明確說出本質課題

如同前述，**解決問題的第一步，就是發現問題之後，讓本質性課題變得明確**。只有這麼做，才能期待替代方案能帶來明確的成果。

舉例來說，在校園徵才活動上，對於參加的學生而言，面臨的迫切課題是「該向哪家公司遞出履歷」。這是追求理想型問題，以目標來說，他們的重點課題應該是選定有意願就職的企業。接下來的課題是，該如何提出申請。另一方面，對於公司的人事部門而言，面臨的課題是「該怎麼做才能找到適合本公司的人才」。換句話說，該用何種手段任用理想員工。

另外，如果想要制訂暑期計畫，所面臨課題就是「該怎麼過暑假（理想）？」

■課題的設定，決定了解答的優劣

「課題設定，決定了解答的範圍」（The issue definition determines the solution boundary.）這句話，是我在紐約麥肯錫擔任顧問時學到的名言，意思是發現問題之後，設定具體課題的步驟非常重要。接下來，我將舉一個具體例子進行說明。

Ｔ（二十八歲，男性）任職於某大型超市的宣傳部門，因為工作上的關係，他幾乎每天都要外出洽公（以ＳＣＱＡ分析來說，這段說明為Ｓ，即狀況）。某天，Ｔ在正要前往其他家公司開會時，抬頭看看天空，發覺快要變天了。他分析狀況：「對了，氣象預報好像說今天會下雨。看起來快要下雨了（Ｃ，即問題）。」

T發現「快要下雨」這個防杜潛在型問題，並將它定義成具體的課題：「我是否該帶傘外出（Q，即課題）？」

T靠經驗掌握重點，將設定課題限定在下雨時該做出何種因應策略。對於這樣的例子，應該很少人會把課題限定在分析原因，像是「為什麼今天會下雨」。更別說是預防策略，例如該怎麼努力才能阻止雨不要下，畢竟我們無法掌控天氣。T這麼細心，應該會帶傘外出，作為雨天時的因應策略，這件事情就算解決了。

■「是否該帶傘外出」並非本質性的課題

這則簡單的例子，可以幫助我們同時思考課題設定和替代方案的廣度。在因應策略的領域中，T定義出一個具體課題「是否該帶雨傘外出」。這一瞬間，解決策略已**被限定**在「雨傘」這個雨具上面，選項的範圍也被限制在「該不該帶出門」，只能夠選擇是或否。換句話說，完全沒討論到其他的解決策略（替代方案）。

萬一下雨，還有許多替代方案，例如：

「去最近的便利商店買雨傘。」
「在目的地向別人借傘。」
「搭乘計程車。」

但是，以T的例子而言，沒有必要考慮這些方案。重點在於，解決策略的選擇範圍，取決於怎樣設定課題。

■課題設定太表面，無法解決問題本質

假如T將課題設定範圍擴大為「該帶哪種雨具出門」，是要帶普通的傘、大一點的傘、摺疊傘，或是穿雨衣、雨鞋等，那麼在雨具的範疇中，將出現許多替代的方案。

接著，還可以提出更接近本質的課題設定：「該怎麼做才不會被雨淋溼」。這樣的課題設定，凸顯出一個本質性的問題：淋溼。其實，下雨本身並沒有問題。無論是下雨或是下刀子（按：日文慣用「即使下刀子也要去」來表示風雨無阻的意

思），只要不被淋溼都不成問題。

「可能會被雨淋溼」這件事與T的期待狀況有落差，就是問題的本質。因此，對於T而言，最重要的是優先思考不被淋溼的預防策略。在這裡，預防策略不是指「預防下雨」，這太不切實際，而是針對「被雨淋溼」這個本質性問題，提出預防策略。

假如T的課題設定，包含「可能會被雨淋溼」這個本質性問題，那麼就可能提出一連串的解決策略（替代方案），確實的解決問題。我們很難期待，表面性的課題設定能夠解決本質性的問題。

關鍵在於設定出本質性的課題

以前，某一家電廠商為了大幅增加市占率，提出一套中期策略。該公司從以前到現在，所有的產品都是自己生產製造。因此，製造部門的負責人在這個追求理想型問題中，將自己的課題定義為「為了因應公司大幅提升市占率的策略，必須提升製造產品的能力」。

但是，在將課題定義為「提升製造能力」的那一瞬間，已在「如何追求理想」的部分設立一個前提，那就是所有產品都必須在自家工廠製造。這樣的課題設定，真的有觸碰到解決問題的本質性課題嗎？

該公司將興建大型的工廠，當成達成理想的解決策略（手段）。自製產品有可能是最好的，但是在他們把課題設定為「提升製造能力」的同時，包括委外代工等其他選項都被排除，根本沒有被評估的機會。對於公司而言，或許最後成功達成了擴大市占率的目標，結果是好的。可是，就解決問題的品質來說，由於未曾考慮過其他的替代方案，因此仍然值得存疑。

■課題定義不同，想出的替代方案迴然不同

從「設定本質性的課題」這個觀點來看，這位製造部門的負責人應該怎麼定義課題呢？從「提升公司市占率」這個觀點來看，他的責任應該是確保穩定的產品「供給」。可是，這些產品並非一定要由自家公司來製造。因此，將課題設定為「因應公司大幅提升市占率的策略，必須提升供給產品的能力」，比較妥當。如此

一來，委託代工的選項也可以納入考慮的選項之中。

以上，我敘述了設定課題的重要性。必須先確定問題的類型，然後選定確切的課題領域，例如分析原因、因應策略等。因此，希望各位讀者了解，能否設定好具體課題，將決定解決問題品質的優劣。

如何理性評價各種替代方案

■先不做任何評價，列出所有解決策略

即使確實做好課題設定，但當我們選擇替代方案時，常會發生一個問題：無法詳盡列出所有的點子。

換句話說，有時候我們提出的解決策略相當有限，因此經常沒機會做評價，而遺漏掉好的解決策略。此外，也可能在列出解決策略時，因為個人的偏見和先入為主的觀念，或是思考不夠周延，無意識的排除掉其他點子。所以，最重要的是盡可

能提出你所想得到的方案。

T設定「該怎麼做才不會被雨淋溼」的課題之後，除了「帶傘出門」之外，還想出很多其他的替代方案，像是「去最近的便利商店買雨傘」、「在目的地向別人借傘」、「搭乘計程車」。此外，還有其他的替代方案嗎？T詢問被稱為「點子王」的同事Y，Y提出許多方案：

「躲雨。」
「和順路的人同撐一把傘。」
「不帶傘，帶雨衣或帽子。」
「請對方來我們公司開會。」
「將會議延期。」

■腦力激盪法

即使你身邊沒有Y這樣的智多星，還有一種手法能有效且全面的網羅替代方案，那就是腦力激盪法（brainstorming）。這是一種為集體激盪創意的著名方法，在一九三九年由美國的亞歷克斯・奧斯本（Alex F. Osborn）所提倡。

腦力激盪法鼓勵參與者自由提出意見，但必須遵循以下四項規則：

①不能批評別人的想法。

②盡量提出大量的想法。

③歡迎自由奔放的發言。

④發展別人的想法。

其中，最重要的是不批評別人的意見。因此，進行腦力激盪時，絕對不能說：「根本不可能」、「絕對不會成功」、「天方夜譚」、「沒用」、「成本太高了」、「沒意義」、「以前失敗過了」等。

這個手法的重點是，除了可以促進創意激盪的效果，還能打破個人的固定觀念。但要注意的是，由於參加者人數眾多，且可以自由發言，因此要自律，不能打斷他人說話。還有，雖然規則明訂不能發表批判性的言論，但是考慮到有人會在意別人的想法而不敢發言，所以最好盡量營造自由愉快的氣氛。

■解決方案必須謹守倫理

雖說腦力激盪法不能批評別人的創意，並盡可能列出所有方案，但前提是必須合乎倫理和遵守法令。

因此，如同本章開頭所舉例的，隱匿汽車零件的設計疏失、竄改庫存貨品的原產地、將賣剩的舊牛奶摻入新牛奶等方案，從一開始就不必考慮。

在講究守法的時代，有鑑於社會上發生的種種事件，我們必須時常自省，提出的方案是否違反倫理。

■替代方案的評價基準必須明白清楚

無論網羅多少優異的替代方案，如果沒有做適切的評價，問題依舊無法解決。

對於替代方案，絕不能抱著「好像不錯」、「好像不行」等曖昧態度。即使最初是靠直覺來評斷替代方案的優劣，也必須在之後仔細檢驗、查證。

正確的評價必須基於適切的評價基準，評價基準最好清楚明白，但實際情況多半並非如此。制訂評價基準和列出替代方案一樣，都能應用腦力激盪法。

評價基準有許多種，大致上可分為兩種類型：絕不讓步的「必須項目」，以及有最好、沒有也無妨的「優先項目」。

■確認替代方案能否解決問題

在許多評價基準中，有些項目絕對不能讓步、妥協。其中，最重要的就是解決方案**是否真的能夠解決問題**，這是評價替代方案時最重要的手續。因為，花費時間和精力選擇的方案，最後卻不能解決問題，便毫無意義。

舉例來說，希望年屆高齡的社長能儘早退休，是屬於追求理想型問題。社長身邊的人提出「如何」的課題：「該怎麼做才能請社長退休？」他們討論出一個替代方案：「請社長就任沒有代表權的會長一職」。

這個方案聽起來很不錯。但是，假如最後社長沒退休又兼任會長，豈不是白搭？所以，應該是先想辦法讓社長退休，再請他當會長。換句話說，這個解決策略並非解決問題的癥結，因此不是解決問題的好方案。

■別把追求解答的手段當成解答本身

像這種情況，有幾種替代方案能解決問題。例如，較強硬的手段像是「請董事會解任社長」，也有較軟性的手段像是「請社長夫人說服他」。當然也可以從制度面著手，像是「制訂社長退休制度」。至於先前的「請社長就任沒有代表權的會長一職」，可以當成方案中的一個創意。

再舉個例子。廠商正煩惱，該怎麼做才能解決訂單減少的問題。針對恢復原狀型問題的「根本處置」這個課題，之後某位員工建議：「聘請優秀的顧問，請他規畫策略。」

但是，這個建議無法成為最終的解決策略（因為顧問不會替公司找訂單），只能算是協助大家討論出解答的一個手段。如果現在的課題是「想得到解答，用什麼手法最好？」，那麼「聘請顧問」就能成為替代方案之一。而其他像是「在公司內成立專案小組」或是「徵求全社員的創意」，也可以列為替代方案。

可是，現在的課題是「該怎麼挽回訂單」，而非「該怎麼得到最好的解答」，小心**不要混淆了追求解答的手段和解答本身**。

■還有哪些不可退讓的「制約條件」？

確認替代方案真的能夠解決問題之後，要思考替代方案是否符合其他絕不能退讓的條件，並且立即刪除不符合這些條件的替代方案。

舉例來說，當你考慮「購買自用車」這個追求理想型問題時，如果沒有制約條件，你可以列出無數的車種作為候選選項（替代方案）。但是，如果你有絕不可退讓的條件，例如價格在兩百萬日圓以下的四輪傳動休旅車，那麼候選車種的範圍便大幅縮小了。

再舉個例子，假如有某企業打算找外部的人來擔任某個部長的職缺。而不可退讓的條件為：年齡三十五歲以上、四十五歲以下、擁有ＭＢＡ學歷，並且至少在大企業有三年以上財務相關工作經歷。設定這些條件後，就可以一口氣大幅縮減大批的應徵者。特別是當候選選項（替代方案）太多時，設定制約條件可以幫助你在初期階段有效的篩選。

■接著才是思考你對替代方案的「期望條件」

了解有哪些必須項目後，下一步就是思考項目是否符合期望。與制約條件不同，這些項目是指「並非絕對必要、但最好能滿足」的一連串條件。

在前述「購買自用車」的例子中，你還可以列舉出並非必要、但自己非常重視的項目，例如鋁製輪圈、駕駛座裝設汽車座椅加熱墊、真皮座椅、附DVD自動導航、省油等。而在「部長職缺」的例子裡，則可以列出一些期望項目，例如英語能力強、有管理顧問的經驗、有業務的經驗、有開創新事業的經驗等。這些都是有最好、沒有也無妨的條件。

先給期望項目評分比重，再來評價替代方案

評價替代方案的方法是，給期望項目的重要性打分數。可以設定十分或五分為滿分，評估各個項目的比重，進行相對性的評分。然後，為每個替代方案打分數，可以用十分、五分、一百分為滿分。接下來，將各個替代方案的分數和評價項目的比重相乘。各個項目相加之後的總合，代表各個替代方案的總分。最後，選出總分最高的項目（見圖表6-1）。

這個方法能以具體的數據，呈現出替代方案的價值，有助於我們進行評價。但是，無論你花多少時間列舉期望項目，要是評價太過籠統，便白白浪費這些絞盡腦汁想出來的項目。只有將各個項目的重要性和各個替代方案的評價，以主觀的分數表現出來，才能夠為這些替代方案做綜合性的比較。

此外，評價過程的透明度越高，就越能提升可靠性。因為，這個過程並非靠個人的經驗或直覺進行的黑箱作業，而是任何人都能理解、接受檢驗的評價基準。如果做決定的過程具備可靠性，在實施階段便有助於你獲得對方的承諾。

圖表6–1 評價替代方案的例子

		第一案		第二案		第三案	
	替代方案	DM		全國性電視廣告		培養顧客的計畫	
評價項目	**比重**	**得分**	**分數**	**得分**	**分數**	**得分**	**分數**
速效性	5	8	**40**	8	**40**	4	**20**
持續性	8	6	**48**	4	**32**	9	**72**
個人導向（personal touch）	7	6	**42**	3	**21**	9	**63**
提升印象	9	6	**54**	9	**81**	7	**63**
銷售員的排斥程度	-4	8	**-32**	3	**-12**	3	**-12**
總分		**152**		**162**		**206**	

■別忘了進行負面評價

除了絕不能退讓的條件以及希望被滿足的期望項目之外，別忘記要為替代方案進行負面評價，也就是說，還要思考它的副作用。其原因在於，無論是必須項目或優先項目，都屬於正面評價，但真正好的決定是連風險也考慮進去。

分析替代方案風險的程序，基本上與分析潛在型問題相同。因此，要考慮實施某個方案會不會產生預料之外的不良狀態。假如會發生不良狀態，可以先列出促使潛在不良狀態發生的誘因，並思考因應對策。如果該誘因可以被排除，最好先予以排除；如果無法排除，就要思考發生時的因應策略。

以前面提到的家電廠商為例來說明。為了確保產品的長期供給，有兩種替代方案：自己生產或者委外製造。一般而言，委外製造的優點是：投資金額較少，不必持有設備，必要時還可以變更交易量，但其缺點是：在品質上無法完全掌控，還可能發生無法出貨這種預料之外的不良狀態。為了將傷害減到最低，我們必須篩選出可能的風險，並在合約中訂定罰款，以降低不良狀態的發生率。

如果替代方案的缺點太多，發生機率又高，那麼在評價上就要大大扣分。評價替代方案時，必須將期望項目和負面因素放在天秤兩端仔細斟酌，評斷出最具魅力的方案。

因此，評價風險時，如果從最缺乏魅力的替代方案開始，會浪費許多時間。比較有效率的作法是，從期望項目評價最高的方案開始評估風險。

萬一只有一個解決提案，怎麼辦？

■實務上，會有單一提案的情況

前文說明了如何在複數的解決策略中，做出最佳選擇，但前提是，這些解決策略已包括了最接近理想的選項，因為「評價的程序」是指選出最接近理想解決策略的手法。比較單純的情況是，自己想出包括最理想方案的數個替代方案，並進行評價。但一般而言，情況並非如此，我們比較常接收到來自外部、不知是否為最佳的建議。

K（三十一歲，女性）在某個大型銀行集團擔任銀行職員。某天，獵人頭公司詢問她是否有意到外資金融機構工作，這就是外部提供方案的一個例子。這時候，K若思考「我還有到其他地方工作的選擇嗎？」，進而發掘出數個機會，就可以運用評價替代方案的方法來篩選。但現實狀況通常是，K因為平常過於忙碌，所以只能考慮他人提供的單一提案。

不僅是個人的課題，企業選擇投資事業的案件也是如此，很少有複數的替代方案可供選擇，多半都只會出現某項「可行性研究」（F／S，feasibility study，意指事業化調查）。所謂「可行性研究」，是指在從事併購企業、建設工廠、成立新事業等投資之前，所進行的調查作業。這道程序關乎事業的成功與否，非常重要。

■創造理想方案，評價單一提案

只有一個提案時，無法與其他方案做比較。但是，就評價手法來說，前文中有關必須項目與優先項目的評價方法，也可以應用於此。

處理單一提案時，先要確認這個方案的必須項目是否獲得滿足。接著，與複數方案的評價方法一樣，在優先項目的比重上打上分數，再假設一個所有優先項目都得滿分、最理想的方案。最後，將這個方案的總分與提案的得分做一番比較，看提案的得分約為最理想方案的幾成。

採用提案的基準是個惱人的問題，換句話說，我們該將合格分數設為幾分？從實際情況來看，假使理想方案的得分是一〇〇%，也就是一百分，我們很難樂意採用只有四十分的提案。相反的，假使提案得到九十分，就很可能會採用。總之，藉由與理想方案比較，比較容易判斷單一方案的價值。

■比較最理想方案，以抑制偏見

如同前述，與理想方案做比較的方法，雖然不是絕對的評價基準，但是對評價者而言，至少在評價單一提案時，有個基準可供參考。其原因在於，如果沒有參考基準，那麼可能會因為當下的立場而低估或高估了提案。

舉例來說，就剛才提到的K而言，她如果對目前的職場還算滿意，並未積極考慮要換工作，就有可能高估了獵人頭公司提案的風險，同時過度低估潛在的利益。相反的，K如果對目前的工作覺得很不滿，而且沒有安全感，那麼任何跳槽的提案在她眼中都是美好的。這時候，K恐怕會高估提案的優點，而低估了風險。

如果能夠比較單一提案與最理想的方案，那麼將有很高的機率可以降低因現狀而引起的偏見，有助於適切解決問題。

用於執行的行動計畫

■行動計畫：必須具體涉及金額、日期、人員

進行到這裡，假使你已經擬妥正確的解決策略，但如果沒有具體的行動計畫，還是無法實踐。無法實踐的策略就像畫餅充饑，到頭來只是做白工。

除了追求理想型問題的替代方案之外，基本上，任何替代方案都需要採取行動。如果光是選出最佳的解決策略，例如「本公司維持投資A事業、從B事業撤

退，並將剩餘的資源集中投入給C事業」，卻不付諸實施，那麼即便這項解決策略是正確的，也根本無法執行。必須有具體的金額、日程、承辦人或部門等細節，才能夠採取行動，並且成為追求理想型問題在制訂行動計畫上的參考。

當然，有些解決策略比較單純，不需要詳細的行動計畫。例如，「今天好像會下雨，帶傘出門吧」這項解決策略的行動計畫，就不需要考慮得太仔細。如果硬要細分，步驟大致如下：

①從櫃子裡取出常用的摺疊傘。
②把傘放進上班用的包包。
③別忘了帶包包出門。
④下雨的話，從包包中取出雨傘。
⑤把傘打開，撐傘。

但是，大概沒有人會如此嚴密的擬訂帶傘出門的行動計畫吧。

有好的解決策略，有能力執行嗎？

如果擬妥行動計畫，但執行能力不足怎麼辦？這是阻礙問題解決的一大因素。假設有一家企業雖然在國內擁有廣大的市場，但海外拓銷的經驗卻很少。該公司為了彌補本業的不足，決定併購海外的企業。就企業成長的即效性來說，併購是正確的選擇。然而，即使有這項實施計畫，能否在幾乎陌生文化圈中，順利經營新企業，仍然是個很大的疑問。

日本香菸產業是一家相當好的公司，在一九九九年併購了雷諾納貝斯克（RJR Nabisco）在美國以外的香菸事業。但後來，卻因為業績不佳而股價下滑；擁有豐富海外經驗的大型輪胎公司普利司通（Bridgestone），在一九八八年以二十六億美元，併購美國第二大輪胎公司汎世通（Firestone）之後，卻經營得很辛苦。由此可見，在解決問題中，執行解決策略的能力有多麼重要。

要是沒有相稱的執行能力，怎麼辦？

不管執行者的行動多麼正確、多麼優異，如果欠缺執行能力，就無法解決問題。如何判斷個人或組織執行能力的優劣，是個有待解決的課題。假如執行者的能力不足，你可以一邊思考彌補不足的替代方案，一邊依據已經制訂好的行動計畫，開始解決問題。

如果無法彌補執行能力，則可以考慮縮減行動。舉例來說，原本目標是一百分，但因為執行能力並不完美，最後只達到三十分。

與其這樣，不如一開始採取八十分的行動，假如實施率達到九〇%，至少還有七十二分（見下頁圖表6-2）。因此，採取行動前，一定要考慮實際的執行能力。

確實將主旨傳達給組織內部

假如當事者和行動執行者是同一個人，則不需要擔心，但大多數的情況是當事者將行動委託給他人執行。如果要解決問題的當事者是企業（經營者），則幾乎都是委託他人（所屬員工）。在這種情況裡，即使實施計畫已經出爐，組織也擁有足夠的執行能力，但是仍然無法採取行動。其原因在於，當事者並未將解決策略的主旨確實傳達至組織內部，導致執行部隊沒有採取行動，這種情況十分常見。

圖表6–2 實施率和效果

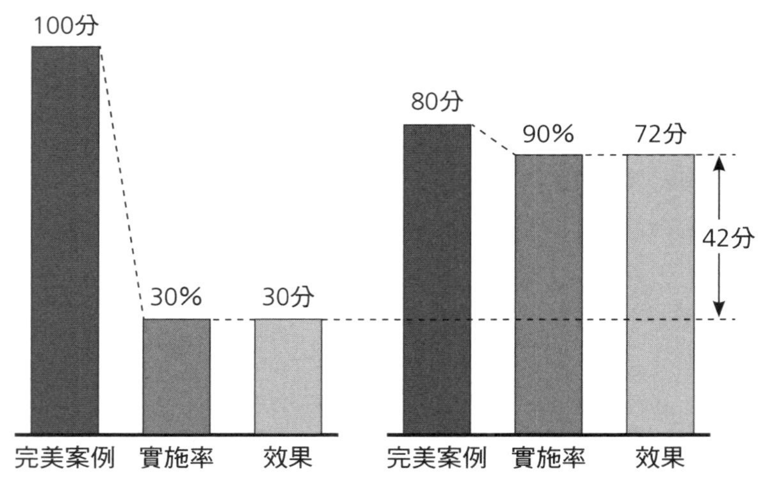

舉例來說，某家企業決定實施一項計畫來改善業務狀況。行動計畫不難理解，只有一個期望：希望業務能朝套裝化來發展，而且組織也有足夠的執行能力。

但可惜的是，用制式的公告來通知公司內部組織，於是員工無法完全理解其主旨，結果最後不了了之。因此，如果負責執行計畫的成員不了解當事者的想法，計畫必定窒礙難行。

■溝通優劣會影響行動結果

相對的，某家企業為了將經營理念滲透到各個員工心中，於是準備實施一項企畫。實施企畫之前，公司立刻從各個部門調派人員，組成一個負責傳達企畫內容的專案小組。這個專案小組接受溝通顧問的建議，同時針對公司所發送的公文加以解釋，並定期召開說明會、設置詢問窗口，在公司內部刊物上報告各個部門的進度和狀況。

結果，這個計畫進行得非常順利。這就是執行計畫時，為什麼要重視溝通狀況的原因。

Part 2

情境分析，提升決策品質

第 7 章

情境分析反應快，篤定預測風險高

- 篤定的預測——總遇上不願面對的真相
- 情境分析——預想幾種最可能發生的故事

篤定的預測——總遇上不願面對的真相

■用情境分析提升解決問題的品質

前面談到，當解決問題時，要先將問題依據本質做分類，再選出重要的課題領域，然後透過思考解決策略或替代方案的優點和缺點，來逐步進行。但是，這樣的過程並未考慮到實施替代方案時的環境，只考慮到替代方案本身是否能解決問題，以及相較於其他的解決策略有沒有較多的優勢而已。

因此，從「提升解決問題的品質」這個觀點來看，我推薦大家學習情境分析的方法。其原因在於，實施解決策略時，問題周遭的環境會大大影響實施結果。情境分析可以從環境變化的觀點，有系統的評價解決問題的替代方案。換句話說，情境分析將環境變化的不確定性帶入解決問題的作業過程，能夠提升解決問題時做決策的品質。

光憑結果來評估決策，太危險

解決問題的過程包含了實施解決策略。換句話說，除了要從複數的替代方案中選出最佳方案之外，還要付諸實施。但是，什麼樣的決策才是好的？只要結果是好的，就是好的決策嗎？

雖然沒有比結果好更令人期待的事，但很遺憾的，我們無法完全掌控結果。無論制訂多麼綿密的解決策略，也有可能因為狀況的變化而產生不好的結果。讀者當中，一定有很多人吃過類似的苦頭。

進行決策必定會伴隨著不確定性，也就是風險。在有風險的環境裡，如果只靠結果來判斷決策的好壞，很可能會忽略風險。

好決策不能只看結果，更得看過程

做決策不能只看結果來判斷好壞，而是要看過程。即使決策的程序適當，但如果能在採取行動之前評價決策的好壞，當事者也能更安心的從事決策作業，因為做決策的過程已在當事者的掌控之下。

到底什麼樣的決策過程才是好的？除了期待期望的結果出現之外，同時也確實了解做決策之後，可能伴隨著發生不好結果的風險。換句話說，下判斷時能夠充分**理解決策背後的風險**，才稱得上是好的決策過程。如果要做更進一步的要求，最好能夠在判斷的過程中，提高好結果出現的機率。

在本書的前半部，我已詳述在解決問題的過程中如何做出好的決策。再加上後半要說明的情境分析，便能更進一步的提高解決問題的品質。

解決防杜潛在型和追求理想型問題，得考慮環境變化

從解決策略的實施期間來看，恢復原狀型問題通常要求短期的行動，因此不需要太擔心環境的變化。然而，在防杜潛在型和追求理想型問題中，雖說依據個案有所不同，但有時候實施替代方案的期間可能長達數年。

以提升經歷來說，要取得會計師的資格，從準備期間到考取證照，通常要花好幾年。律師、ＭＢＡ、科技管理碩士（ＭＯＴ）、證券分析師、臨床心理師、藥劑師、司法代書、稅務代理人、醫師等都是如此。但是，考上了律師、ＭＢＡ、分析

師，考出了好結果，就一定是好決策嗎？

同樣的，以企業的經營策略來說，開發新產品、投入新市場、建設新工廠等，並非一朝一夕可以完成，到正式採取行動之前，都需要相當長的準備期間。例如，核能發電廠從決定興建地點到建設完成，大概要耗費二十年以上，而火力發電廠也要十年以上的時間。電廠建成了，這是好結果，但興建電廠是好決策嗎？

■時間可能改變解決行動的效果

不只是準備期間，實施方案後的效果也要經過很長一段時間才能看得到。以個人取得證照為例，假設要取得的是前述那幾項職業或學位，半工半讀都需要耗費大量的時間與金錢，還要很有毅力才能夠辦到。另外，一旦踏入這條道路，就不容易變換跑道。

企業也是如此。投資的回收需要很長一段時間，投資三年就能回收已經算很快，通常需要五年至十年才能夠回收。某家網路相關的新創企業，從公司設立到轉虧為盈總共花了五年的時間，而要將過去的投資完全回收還要更久。另外，以航空公司來說，該引進大型客機還是中型客機的決策，將會受到中長期環境變化很大的影響。

換句話說，要看到解決問題、或者是做決策的效果出現，經常要等上很長一段時間。

■人通常在不確定的環境下解決問題

為什麼解決問題的行動要出現效果，經常得耗費很長一段時間？因為解決問題通常都在不確定的環境下進行。即使依據計畫執行解決策略，但是只要周遭的環境改變，或許就無法實現預期的成效，有時候甚至還會出現反效果。

就企業經營而言，日本在經濟高度成長的時期，確實能夠高度預測外在環境。在那個年代，未來的狀況比較明朗，因此有可能假設（預想）單一環境腳本，並對解決策略進行評價。但是，在政治、經濟、社會、技術等各個領域都快速變化的時代中，將難以避免不確定性的增加。所以，我再三強調，在思考如何解決問題時，一定要考慮不確定性。

一廂情願是成功者的樂觀陷阱

有很多例子都是無視環境的不確定性，執著於單一腳本（預測型）的分析，最後失敗收場。最常見的案例是，某位企業主原本一廂情願希望，某個產品的需求應該是怎樣的情況，而長時間下來，無意識中便認定應該如此。當這樣的觀念滲透到組織內部，事情就難以收拾了。

比方說，這位企業主設想：「我預測未來五年的需求就是這樣。公司內部也已經有共識。基於這個前提，必須進行巨額的設備投資。沒有其他條路可走。」一旦事已至此，即使外在的需求趨勢已明顯發生變化，這位企業主也難以察覺外界的變化，因為他已先入為主的認定不可能會發生變化。

甚至，需求確實已產生變化，有的人也不把它當作一回事，而是認為不可能。過去，IBM公司執著於製造大型電腦，而預測個人電腦的需求非常小，這種想法就是過度樂觀的陷阱。解決問題時，最好時時警惕自己，經營環境隨時會發生變化，這樣才比較現實可行。

因此，所謂「情境分析」，是在解決問題時，以不確定性為前提，有系統的評價各種替代方案。

■從戰爭來看一個過度樂觀的陷阱

紀實文學作家半藤一利曾在《日本經濟新聞》上刊登過一篇文章，指出一個過度樂觀的陷阱。

研究昭和歷史和太平洋戰爭將近五十年，有幾個謎依舊殘留在我心中。其中之一是昭和十七年六月，率領海軍機動部隊的南雲司令官在中途島海戰中的指揮方式。

凌晨四點二十八分，「利根」號重型巡洋艦的偵察機傳來訊息：「前方疑似看到十架敵機。」這時候，南雲司令官應該在腦中立即改變想法，立刻攻擊美國的航空母艦才對。但是，幕僚卻拖拖拉拉、在確認狀況上耗費時間，直到凌晨五點五十五分才下令攻擊敵方艦隊。對於分秒必爭的空戰而言，這將近一個半小時的拖延無疑是致命的。

南雲司令官的幕僚全都是海軍航空領域的精英，這樣的應對讓人感到不解。即使訪問那些戰後倖存下來的人，卻只能從他們口中聽到辯解似的說明，完全無法讓人信服。

最後，我只能得出一個結論：無論是主官或是參謀，南雲司令的指揮團隊在作戰一開始，便打從心底認為美軍絕對不會出動航空母艦，於是全部的人都陷入一種自我催眠的狀態。（《日本經濟新聞》，二〇〇六年四月二日。）

由此可知，打從心底不相信、不希望發生的事情，最後還是會發生，這樣的歷史教訓實在不勝枚舉。

情境分析——預想幾種最可能發生的故事

■「情境」就是和未來相關的故事

所謂「情境」是指描寫一個環境的故事，在那個環境中充滿有待解決的問題。簡單來說，就是**想像**環境的未來藍圖。情境能表現出風險因素之間的關係，並說明各種關係在未來將產生什麼變化，讓我們**一窺尚未發生的故事**。

一般而言，**情境分析是由三到四個腳本所構成**，這表示風險因素之間的關係通常是複數。但是，腳本的數量太多，反而有反效果。從腳本數量的觀點來看，傳統的環境預測分析則是單一腳本分析。

每套腳本的性質最好不同，光是強調數量，稱不上是好的情境分析。此外，腳本的內容即使標新立異，也要擁有一定的證據，否則未來的藍圖會脫離現實，必須記住情境分析並非撰寫科幻小說。

情境分析是為了處理無法掌控的因素

如同上述，情境是關於環境的記述，因此這**完全是在思考當事者無法支配的因素**。以企業的事業策略來說，進行情境分析時，經常必須預測產品和服務的需求。雖然宣傳、打廣告可以喚起消費者某種程度的需求，但仍然難以完全掌握最終的需求狀況。所以，所謂的「情境分析」，也可說是環境面的風險分析（對環境做風險分析）。

這裡所說的環境因素，是指當事者無法掌控的因素。因此，即使在組織內部，只要是當事者無法掌控的部分，都應該列為環境因素，並考慮編入腳本當中。

舉例來說，某公司內部分為製造和銷售兩個部門，假如解決問題的當事者屬於製造部門，那麼他負責滿足的需求是銷售部門的業績量。不過，這是當事者無法掌控的狀況。因此，即使屬於同公司的組織內部，對於身處在製造部門的當事者而言，這個問題應該列為環境因素之一。

■分析過去，是以「可預測的未來」為前提

為了充分理解情境分析，我先解說傳統的環境預測分析的特徵，以及與情境分析之間有何明顯不同之處。

首先，環境預測分析的最大特徵在於，其前提為未來是可預測的。從這個觀點來看，環境預測分析的核心思考深植於牛頓機械論的典範。這種論點主張，世界是一組龐大的機械裝置，不能準確預測未來的唯一原因是，因為沒有足夠的資訊。換句話說，假如能夠掌握足夠的資訊，就可以百分之百預測未來。因此，即使耗費大量時間去預測未來，仍然是值得的。

■但情境分析認為不可能百分之百預測未來

相較於環境預測分析立足於牛頓的機械論，認為未來是可預測的，情境分析則認為，不管蒐集多少情報，都不可能百分之百預測未來。情境分析可說是以量子力學、量子物理學的不確定性為典範。所以，在預測上過度花費時間並非明智之舉。

不過，由於認為不可能完美的預測未來，因此只能以機率來表示狀況發展的方

向性。

■環境預測分析只供參考，切勿倚賴

傳統的環境預測分析的特色在於各有分工，專家負責預測，決策者依據預測來做決策。因此，公司高層通常會將專家的各種預測當作腳本，要求所屬單位貫徹公司的決策。

各位讀者當中，或許有些人任職的公司，每年會向相關研究單位購買消費者需求預測的分析報告。對於決策者而言，這麼做的確能迴避掉一定責任，因為每當預測失準，就能以此作為藉口。

■情境分析寫多種「腳本」，以認識狀況

相對的，情境分析則是先對於未來可能的環境狀況形成共識，然後將共識滲透進組織內部，著重於掌握腳本的擬訂過程。既然無法準確預測未來，預測者與決策者之間的角色就不會那麼涇渭分明。重點在於，所有的人對於未來可能發生的狀況

圖表7–1 情境分析的特徵

環境預測分析	複數腳本的情境分析
• 未來可預測。 • 預測未來是有益的。 • 預測是專家的工作。 • 決策者單純接受預測的結果。 • 以每項變數單獨變化的敏感度分析為主流。	• 未來不可預測。 • 預測未來只是白費工夫。 • 重視建構腳本的過程。 • 作為認識狀況的工具。 • 對所有腳本同樣重視。 • 考慮相關性後，改變各項變數。

擁有共識。每一種腳本發生的機率各有不同，但是都有可能發生。

從現實的觀點來看，一開始必須同樣重視每一種腳本，最後再思考個別**發生的機率**（見圖表7-1）。

■敏感度分析不是情境分析

敏感度分析，可說是傳統環境預測分析的一大特徵。其分析的方法是：透過上下變動來控制環境的個別因素，並觀察其變化。例如，調查「當需求調降五個百分點，實施A投資案件時，利潤會下降多少？」敏感度分析完全是根據需求，將風險因素當作獨立的變數來進行操作。這種分析方法，與思考個別風險因素相關性的情境分析大異其趣。

情境分析會考慮風險之間的相關性

相對的，情境分析是考慮多個風險因素之間的關連性之後，再進行操作。例如，敏感度分析認為：「先只調整風險因素A的變數，看看利潤會產生什麼變化。」但是，情境分析會考慮：「風險因素A可能是B的原因。因此，當A發生時，可能會產生B。換句話說，必須將A和B當作同一組變數來看待。」

情境分析能提高因應速度

前文提及，情境分析的優點是，可以將不確定性帶入解決問題的過程中。其實，情境分析還有另一個優點：事先以故事的形式，將環境可能發生的變化考慮在內，因此即便環境產生變化，但因為組織內部已經做好資訊共享，所以能夠迅速做出因應。

當進行環境預測分析，也就是運用單一腳本時，由於潛藏著個人的主觀因素，因此較難察覺環境變化。再加上不願面對真相的心理作用，於是就像前文南雲司令的事例一樣，會在環境發生變化時因應不及。

舉例來說，某家綜合商社在併購海外事業時，單一環境腳本描繪了過於夢幻美好的結果。後來，情況與預測相反，市場需求突然萎縮，不僅業績惡化，最後還因疏於因應導致損失慘重。該公司因為其單一環境腳本過於單純美好，所以總是相信：「需求一定會像預測一般出現好轉。」結果，反而陷入過度樂觀的陷阱。

第 8 章

說未來的故事：製作環境腳本

- 從「結構」來掌握環境因素
- 掌握各類風險因素的重要度
- 製作環境腳本
- 殼牌公司的情境分析事例

從「結構」來掌握環境因素

■製作腳本三步驟

製作環境腳本，是針對解決問題時的周遭環境，進行風險分析。必須考慮以下三個步驟：

①掌握環境因素的結構：將環境中的風險因素視為一連串的相關現象，予以結構化。

②掌握各類風險的重要度：依據風險因素對於當事者的影響和不確定性，掌握各類風險類別的重要程度。

③製作環境腳本：以影響較大且不確定的風險因素為主軸，擬訂不同性質的腳本。

環境由哪些因素構成？哪些因素造成風險？

首先，要理解環境是由哪些因素所構成的。我們可以把步驟①當成篩選風險因素的手續（見下頁圖表8-1①）。以事業戰略為例，解決問題時最常使用的分析工具是「3C」或「5力」（請參見第十三章），或是把當事者的基本目標當作參照項目。就企業而言，大多數當事者的目標應該是追求利潤。既然如此，可以把簡單版的損益表作為參照項目，來進一步分析。

用損益表掌握環境因素

舉例來說，假設現在有一份製造業者簡易版的損益計算表。先從總需求量開始分析。將總需求量扣除進口品與國內其他家公司（兩者都是競爭者）的供給量之後，等於該公司的生產量。再將該公司的生產量乘上售價，等於公司營業額。再從營業額中扣除成本，就是利潤。今後的總需求動向可以參考幾個項目，例如產品是否為必需品、是否有替代品、是否容易受景氣影響，以及過去的趨勢如何等。

但要注意的是，目前的分析只是推估而非預測。另外，還要考慮進口品會不會

圖表8-1 製作環境腳本的基本步驟

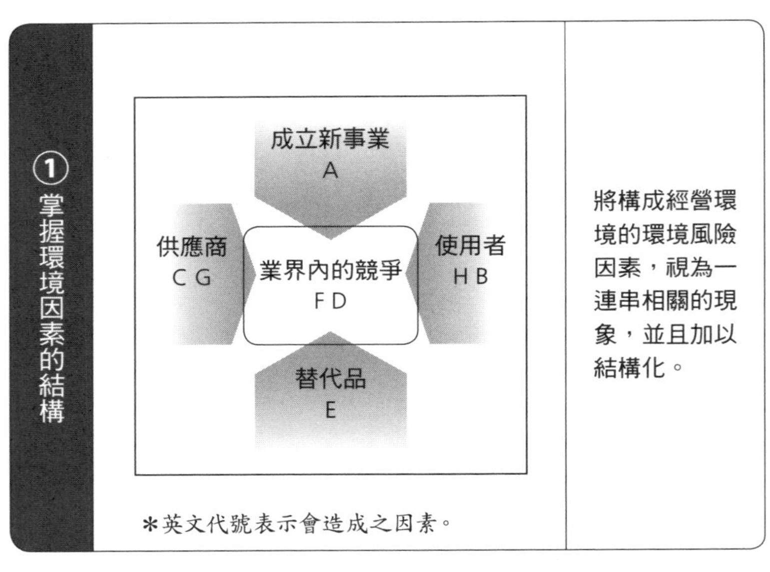

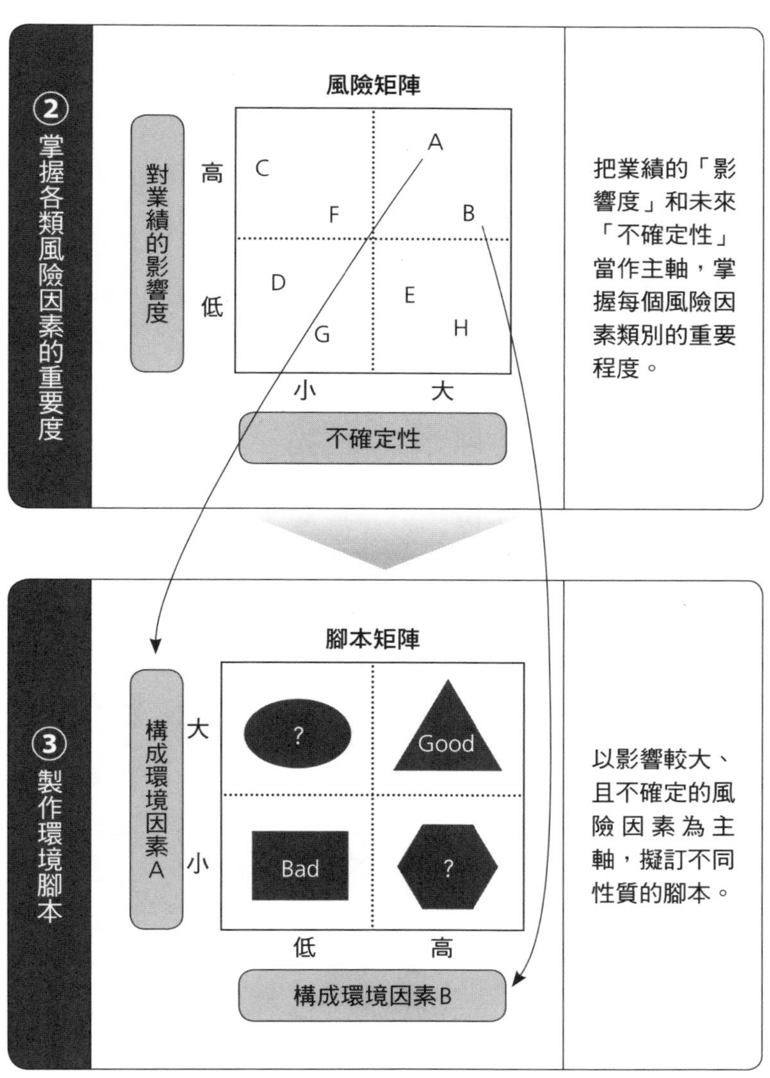
②掌握各類風險因素的重要度
風險矩陣
對業績的影響度
高
低
C
F
D
G
A
B
E
H
小
大
不確定性
把業績的「影響度」和未來「不確定性」當作主軸，掌握每個風險因素類別的重要程度。
③製作環境腳本
腳本矩陣
構成環境因素A
大
小
?
Good
Bad
?
低
高
構成環境因素B
以影響較大、且不確定的風險因素為主軸，擬訂不同性質的腳本。

成為威脅、過去的動向為何，以及該產品是否得課關稅等。

其他公司的生產量由其生產力和運轉率來決定。如果該業界屬於分散競爭型，那麼業界的整體生產力便是問題的關鍵。如果該業界屬於寡占型，那麼幾家重要大企業的生產力則是問題的關鍵。還有，要考慮設備投資額是否過高，成為跨足該業界的障礙。

產品價格要怎麼決定？如果是任誰都能生產、沒有特色的生活必需品，那麼價格應該會自動依據市場供需來決定。在汽油類石化產品方面，這種傾向特別強。相對的，如果生產者能拿出獨具特色、造成差異化的產品，那麼價格決定權或許就能掌握生產方手上。一般而言，名牌精品屬於這一類。

另外，要考慮成本該如何決定、產品需不需要特別的生產技術、目前的生產技術在未來是否落伍、熟練工人的供給會不會受到影響、自然環境的限制會不會是未來成本增加的主因、依賴原物料的程度有多少等。

透過以上的分析，不僅可以掌握產業結構，還能夠篩選出許多風險因素。

掌握各類風險因素的重要度

■將風險因素繪製在風險矩陣上

列出需求動向、原物料的可獲性（availability）、法規趨嚴等風險因素還不夠，重點是要把各種因素繪製在矩陣中。這是建構腳本的步驟②，也就是繪製矩陣（見一九七頁圖表8-1②）。

矩陣的縱軸表示風險因素對當事者的影響度（影響大在上方，小在下方）；橫軸表示風險因素的不確定性（不確定性高在右，低在左）。這個矩陣稱之為「風險矩陣」（見下頁圖表8-2）。

■縱軸：影響度

風險真實發生時所受到的衝擊

所謂「影響度」，是指風險一旦轉為現實，對當事者所造成的衝擊。例如，需求發生變動，通常會產生很大的影響。還有，對於勞動密集型產業而言，人事成本

圖表8–2 風險矩陣的兩軸

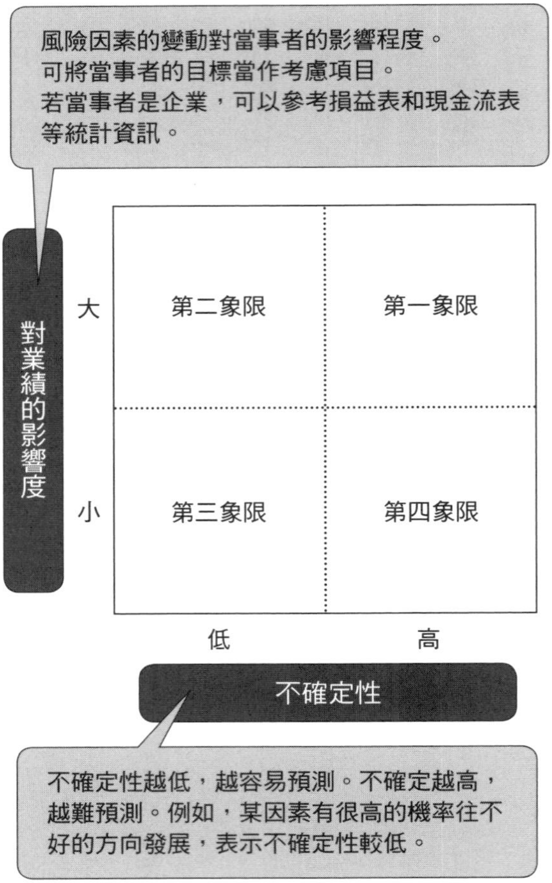

風險因素的變動對當事者的影響程度。
可將當事者的目標當作考慮項目。
若當事者是企業，可以參考損益表和現金流表等統計資訊。

對業績的影響度

	低	高
大	第二象限	第一象限
小	第三象限	第四象限

不確定性

不確定性越低，越容易預測。不確定越高，越難預測。例如，某因素有很高的機率往不好的方向發展，表示不確定性較低。

的變動對於業績的衝擊非常大。另外，對於石油公司和電力公司而言，風險因素就是原油價格的變動。

■橫軸：不確定性風險因素的可辨識度

相對的，只要能辨別風險因素的方向性，「不確定性」就會降低。也就是說，不管方向是好是壞，只要可以判讀得出來，不確定性就會降低。舉例來說，你得知某項因素應該會繼續惡化下去，這雖然是壞消息（例如原料持續上漲），但是不確定性便降低許多（你知道原料價格會一直漲）。換句話說，不確定性低的風險因素容易預測，相反的，難以判定未來走向的風險因素則是不確定性比較高。

假如判斷未來的需求趨於穩定，表示不確定性低可以放在靠左側的位置。然後，如果判斷未來的需求影響度高，就放在左上方的位置。

■別把不確定性用「發生機率」表示

製作風險矩陣時，常見的錯誤是在橫軸用「發生機率」來取代不確定性。環境風險因素的發生機率確實很重要。即便風險的影響大，只要發生機率很低，就可以忽略。另一方面，如果風險影響大，發生機率又高，最好能夠事先提出因應策略（事前處置）。重點是，不管發生機率高低，如果是我們能事先了解的，就表示該風險因素是可以判讀出來的，也就是說，我們有很高的機率能判讀未來的發展。

最困難的部分是，如何確定無法判讀的風險因素。正因為無法完全判讀出來，才稱之為風險因素。假如用橫軸來表示發生機率，風險因素應該被放在正中間附近的位置（因為我們不知道發生機率是高還是低）。因此，在風險矩陣的橫軸上，最好是以不確定性而非發生機率來表示。

■風險矩陣首重網羅性：盡可能列舉各種風險

製作風險矩陣的關鍵是「網羅性」。最重要的是，別忘記放入主要的風險因素，即使每項風險因素的性質多少有些重複，也沒關係。重要的是，不要遺漏任何重大因素。

從「確保網羅性」的觀點來看，步驟①「掌握環境因素的結構」非常重要（見一九六頁圖表8-1①），建議將當事者的目標作為考慮項目。而且，步驟①和步驟②「掌握各類風險的重要度」，是連續且相互依存的手續（見一九七頁圖表8-1②）。

找出各種風險之間的關連，再縮小範圍

在表示影響度和不確定性的風險矩陣上，網羅了大量的風險因素之後，下一步是思考彼此之間的關係，並鎖定幾個風險因素。

當我進行顧問諮詢或是講習課程，請參加者分析環境風險時，大家都可以在短時間內列舉出許多風險因素。一不小心，便有人草率下結論：「居然有這麼多風險因素，這個計畫太危險了，還是放棄吧」，或是「雖然有這麼多風險因素，但總會有辦法克服」等。

然而，重點是你必須縮小風險因素的範圍，鎖定重要的因素。如此一來，才知道應該將重心放在何處。你可以運用幾個重點來進行鎖定，例如因果關係、相關性、因數分解、因數統合等。

◎**以因果關係鎖定**：如果A因素是原因，B因素是結果的機率很高，那麼大多數情況下只要鎖定其中一項即可。

◎**以相關性鎖定**：如果A因素和B因素沒有因果關係，但是C因素一發生，有很高的機率會發生D因素，那麼也只要鎖定其中一項即可。

◎**以因數分解鎖定**：從構成因素來分解某個風險因素，藉以減少數量。例如，若X風險因素是由a、b、c三個因數所構成，那麼把a、b、c編入X當中即可。

◎**以因數統合鎖定**：將複數的風險因素群組化，藉以減少數量。例如，若d、e、f三個因數可以結合成Y，那麼只要將焦點放在Y，將d、e、f移除也無妨。

■要特別重視右上方的風險因素

完成上述作業之後，只要鎖定兩個風險因素即可。這兩個風險因素形成腳本的骨架，也就是決定了步驟③「製作環境腳本」中腳本矩陣的兩軸（見一九七頁圖表8-1③）。因此，它們又被稱為「腳本驅動程式」。

在擬訂腳本的最後一個步驟中，必須**特別重視右上方（第一象限）的位置**。對於當事者來說，這裡的因素不僅影響度大，而且不確定性高。而左下方的因素影響度較小、不確定性又較低，因此可以忽略。

其次，麻煩的是左上方的風險因素，雖然不確定性低、未來可預測度高，但是影響度很大。雖說能夠事先擬訂因應策略，但即使判斷這個因素不確定性很低，而判斷本身就是一種不確定，因此還是有可能出差錯。所以，**左上方因素的重要性應該僅次於右上方**。至於影響度，以我的經驗來說，少有因為對影響度判斷錯誤而發生危害的例子，畢竟已經將這個風險因素納入腳本中。

■鎖定兩個彼此獨立、互不影響的風險因素

經過統合整理之後，最後鎖定兩項最好不會互相影響的因素。風險因素的獨立性是建構高品質腳本的重點，其原因在於，**一旦兩個腳本驅動程式（兩軸）的相關**

性太高，就無法製作出性質相異的腳本。當然，要兩者完全為獨立變數有點困難，畢竟處理的對象是社會、經濟現象，大部分最後都會扯上關係。但請留意，盡量挑選出互不影響的因素（見圖表8-3、8-4、8-5）。

■以兩個獨立而重大的風險因素當作腳本主軸

腳本驅動程式表現得太過具體，或是太過抽象、籠統都不好，以採取適度的抽象表現為佳。其實，構成環境腳本的「軸」，最好是與當事者目標直接相關的項目（參數），例如業績等。換句話說，軸的內容最好顯得清楚。

如果軸的內容太模糊，就無法清楚表示它對當事者的目標有什麼具體影響，也很難套用具體參數。但是，如果軸的內容過於瑣碎，就容易排除其他重要的風險因素。相反的，要是太過抽象，內容會變得空洞，而且抽象表現涵蓋很多因素，容易與另一軸產生相關性（見二一一頁圖表8-6）。因此，腳本驅動程式要採取適當的抽象表現。

圖表8–3 風險矩陣的例子

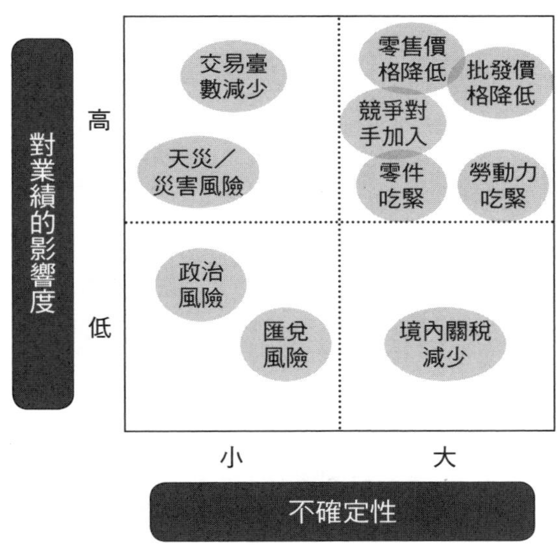

*此圖表以國外的製造公司為例，而且是供給國內的關係企業進行銷售，因此在內容上並不具備一般性和網羅性，不宜直接套用於其他案例。

圖表8–4　鎖定風險因素

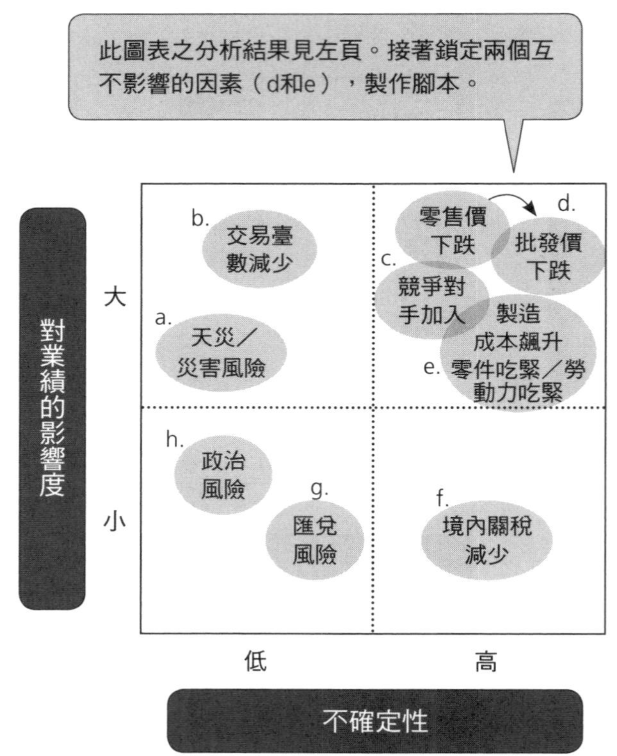

（續下頁）

a. 這個風險很重要。應視為危機管理，事先想好因應對策。但是，不宜當作事業計畫腳本的主軸。

b. 獲得銷售公司承諾，這是影響很大的風險因素，但不確定性低。

c. 其他公司加入，使得交易臺數和價格發生變化，還有成本高漲等都包含在此因素中。

d. 批發價下跌，最後還是反映在零售價上面。因此，零售價的風險可歸納在批發價的風險中。

e. 零件、勞動力吃緊意味著成本高漲。由於位在右上方，可作為腳本的主軸。

f. 不確定性很高，但因為影響很小，不當成腳本主軸。

g. 可用約定匯率迴避風險，因此並非那麼重要。

h. 發生機率低，能預測。和經濟的關連性也不高。

圖表8-5 風險矩陣的例子

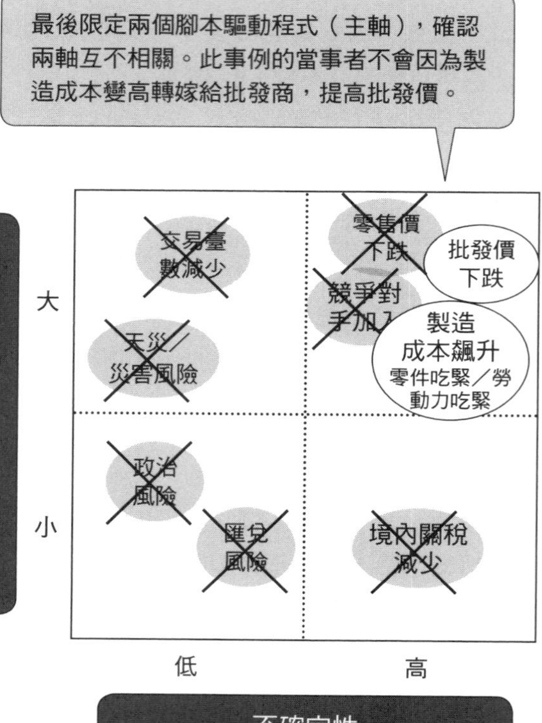

圖表8–6 驅動程式的相關性（不好的例子）

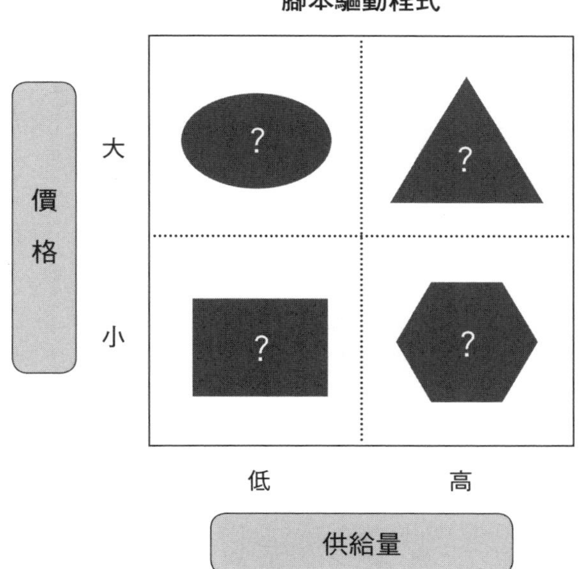

＊價格和供給量經常互相影響，因此很難擬出好的腳本。若產品供給過剩，價格會下跌。所以，選擇這兩項因素便失去腳本驅動程式的作用。一般來說，會選擇供給和需求這兩項獨立變數。

■所有風險因素都能由兩軸涵蓋

關於建構腳本，我經常被問到：「風險因素這麼多，有辦法全部歸納於兩個風險因素中嗎？」在擬訂腳本上，這個問題可說是相當常見。我的回答是：「幾乎都放得進去。」如果真的有困難，就用三個風險因素。然後，進行兩兩配對之後，可以產生八套腳本。

假設對於每套腳本你都想出三種替代方案，就會出現二十四種狀況。另外，如果你對於每套腳本分別想出兩種替代方案，則會產生十六種狀況。這樣的確能夠應付很多情況，但是數量太多，在實務應用上意義不大。

■分析，先求容易理解，再講究精準度

鎖定兩個風險因素，可以擬出四套環境腳本。每套劇本配上三個替代方案，就會產生十二種情況可供評價。如果變數增加，分析的精密度便會上升，相反的，簡單分析則較容易理解。我想對於分析者而言，如何在這兩者之間取得平衡，或許應該是永遠的課題。

我的建議是，即使某種程度上犧牲了分析的精密度，仍然要以容易理解為優先。無論分析手法多麼優秀，如果難以運用、無法理解和說明，也無法展現成效。

■腳本主軸總是歸結在這幾項因素

以我的經驗來說，腳本驅動程式（軸）很少出現讓人驚訝的風險分析選項，多半是幾個常見的因素。以企業經營環境為例，雖然具體的情況不同，但是**大部分離不開需求、供給、收入、成本等選項。當然，有時候也會有法規方向、技術發展**等，這些都可以成為腳本驅動程式。

在大多數的情況裡，腳本驅動程式的選項總是某幾項因素。重要的是，這些常見的選項是分析所有環境風險後得出的結論。也就是說，**重點在於，環境風險因素的本質是否匯集在兩個腳本驅動程式當中**。因此，當有人詢問你具體的環境因素為何時，你要能說明為什麼選擇該因素作為腳本驅動程式。

■天災或災害屬於危機管理，別列入腳本

一般而言，挑選作為腳本驅動程式的風險因素時，最好避開天災或是災害、事故等。不可否認，這些因素確實很重要，因為一旦發生，影響非常大。事實上，當大地震發生時，工廠有可能停止運轉，而且物流系統會被截斷。另外，發展中國家若是發生軍事政變，對於當地的作業會有很大的衝擊。這絕對是一件值得重視的事，而且沒有人能肯定某件事「明天絕不會發生」。

但是，這類情況發生的可能性很低，不確定性也很低，因此被放置在風險矩陣的左上方。話雖如此，卻不能忽視。由於這些風險發生時，會帶來強烈的衝擊，因此必須事先做好災難規畫（緊急應變計畫）。換句話說，這個部分應該歸類在危機管理的項目，確實的預先制訂預防與因應策略。然而，**企業經營策略的腳本通常都是商業環境腳本，應該與危機管理做區隔。**

製作環境腳本

■環境腳本應維持中立

在風險矩陣中，鎖定兩項環境風險，並將它們當作腳本矩陣的兩條軸線之後，下一步就要開始製作腳本（步驟③，見一九七頁圖表8-1③）。

首先，將每項風險因素，也就是腳本驅動程式，區分出高低、大小或有無等。藉由這些組合，決定腳本的結構。一般而言，矩陣的右上方（第一象限）會出現最佳腳本，因此這是最重要的位置。

不過，這種狀況只限於腳本序列明確的時候。只有假設某些特定行動的解決策略，才能以這樣的序列（按：第一象限是最佳、第二象限是必須注意）來評價環境腳本。如果解決策略的內容改變，環境腳本的評價也會跟著改變（按：有可能第四象限是最值得注意，後面石油危機的案例即是如此）。換句話說，腳本的好壞取決於對行動的假設。

從這個觀點來看，每套環境腳本並沒有好壞之別（見下頁圖表8-7）。

圖表8–7 風險矩陣的基本說明

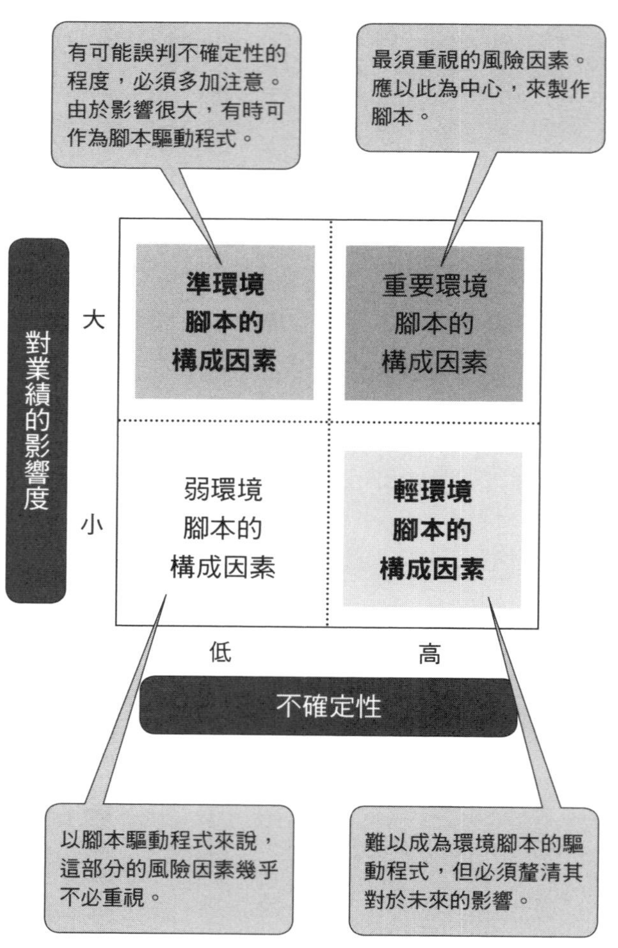

以兩種有對比的狀態來描述主軸

就像鎖定兩項風險因素作為兩個腳本驅動程式（兩軸）一樣，必須把每軸的可能狀態分為對比的兩種描述。舉例來說，假設腳本為「產品需求」，即使可以畫分得很細，但是我建議最好只分成「提升」和「疲軟」。在文字表現上並沒有限制，增加、減少、高、低都可以。例如，以某項技術的發展為例，你可以用「可以」或「不可以」商業化來表示。

重點在於，區分成兩種狀態可以簡化分析，如果分成三種，則腳本的數量會大增。關於優缺點，與前文討論鎖定風險因素時一樣。換句話說，到底是要提高分析的精密度，還是以容易理解為優先？我的建議還是一樣：即使在某種程度上犧牲了分析手法的精密度，仍然**以容易理解為優先**。理解之後，再求精密。

兩種主軸、各兩種狀態，組合出四種腳本

完成腳本矩陣之後，腳本的故事雛形就已經完成了。藉由組合這兩條軸線的狀態，建構出腳本。將兩個驅動程式（兩軸）都區分成兩種狀態，就可以擬訂出四套

圖表8–8 環境腳本：案例一

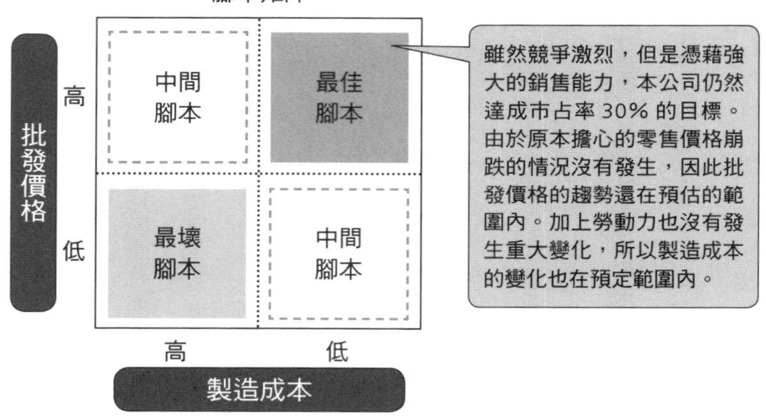

圖表8–9 環境腳本：案例二

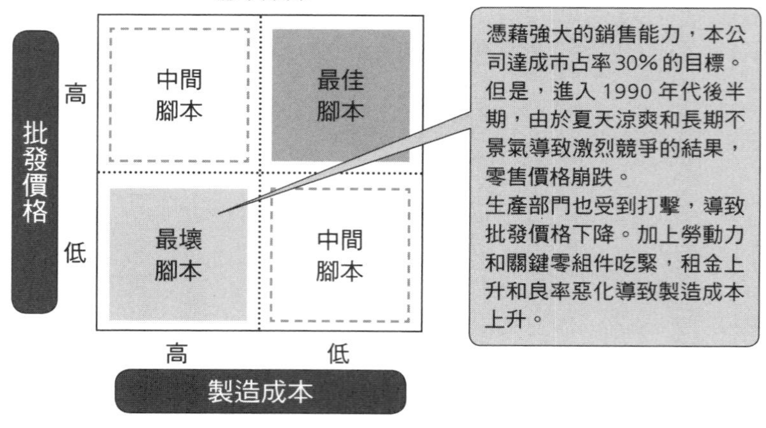

腳本矩陣
中間
腳本
最佳
腳本
最壞
腳本
中間
腳本
高
低
批發價格
高
低
製造成本
雖然競爭激烈，但是憑藉強大的銷售能力，本公司仍然達成市占率 30% 的目標。由於原本擔心的零售價格崩跌的情況沒有發生，因此批發價格的趨勢還在預估的範圍內。加上勞動力也沒有發生重大變化，所以製造成本的變化也在預定範圍內。
憑藉強大的銷售能力，本公司達成市占率30%的目標。
但是，進入 1990 年代後半期，由於夏天涼爽和長期不景氣導致激烈競爭的結果，零售價格崩跌。
生產部門也受到打擊，導致批發價格下降。加上勞動力和關鍵零組件吃緊，租金上升和良率惡化導致製造成本上升。

腳本（見圖表8-8）。

接下來，我要介紹一個著名的情境分析案例——荷蘭皇家殼牌公司（Royal Dutch Shell）對於石油危機所做的情境分析。在相關的書籍中，幾乎都會提到這個例子。殼牌公司堪稱情境分析理論與實務上的先驅，這個例子有助於理解建構腳本的手法。我將按照前面提到的步驟，依序進行解說。

殼牌公司的情境分析事例

■殼牌以情境分析度過石油危機

第二次世界大戰之後，全世界歷經了一九七三年和一九七八年兩次石油危機。

第一次石油危機改變了先進國家的世界觀，起因於一九七三年十月的第四次中東戰爭。進入一九七〇年代後，美國的中東政策無法解決區域問題。面對美國對以色列的軍事支援，沙烏地阿拉伯表達強烈不滿。

一九七三年十月，埃及進攻蘇伊士運河東岸，敘利亞進攻戈蘭高原，爆發阿拉伯國家對以色列的第四次中東戰爭。之後，沙烏地阿拉伯也加入阿拉伯陣營，決定參戰。但是，以色列軍隊在美軍的支援下，壓制了阿拉伯勢力。結果，阿拉伯各國斷然對幾個親以色列國家實施石油禁運政策。

殼牌公司在石油危機發生之前，便已經透過情境分析，認知到中東原油生產國有可能實施石油禁運。因此，相較於其他的石油公司，殼牌公司受到的傷害減輕了許多。

■大型石油公司的腳本過於單一美好

第二次世界大戰後，被稱為「七姊妹」（Seven Sisters）的世界七家大型石油公司當中，除了殼牌之外，都把石油產品的需求與原油供給視為確定因素。對於石油公司而言，這兩項風險因素影響非常巨大。但是，大多數石油公司認為這兩項因素的不確定性很低，於是在建構腳本的步驟②中，把這兩項因素放在「風險矩陣」的左上方位置。

事實上，對於先進國家而言，當時石油產品是必需品（現在也是如此）。而且，由於沒有其他的替代品，因此大家都相信在經濟成長的同時，石油產品的需求也將穩定成長。另一方面，在原油供給上，蘊藏量已被證實還很豐富，因此石油公司認為只要開採就有原油。所以，他們將上述的因素視為確定因素。

接著，讓我們思考步驟③，也就是大多數石油公司所想出的腳本矩陣。其縱軸與橫軸（兩個腳本驅動程式）分別是產品需求與原油供給，軸的可能狀態都是「增加」或「減少」。因此，就他們的想法而言，產品需求和原油供給很可能都會大幅增加，於是描繪出夢幻般的美好腳本（美好環境下的腳本）。事實上，大多數的大型石油公司之所以有輝煌的業績，也都是靠著預測這種單一腳本。

■假設一個原油供給不確定性的腳本

但是，殼牌公司跟其他的公司不同。該公司雖然同樣將產品需求放在風險矩陣的左上方，但是將「原油供給」這項風險因素移往右上方，而非左上方。其原因在於，該公司判斷當時中東情勢的不確定性正在增加，於是在腳本矩陣裡，除了過去的「單一美好腳本」之外，還描繪了「產品需求穩定提升、但原油供給停滯」這套石油危機的環境腳本（見圖表8-10）。

假如這套新腳本確實灌輸進企業組織內部，就等於殼牌公司已在事前就模擬、體驗過石油危機的發生。因此，當危機真正發生時，他們不會驚慌失措，而能夠坦然面對、冷靜處理。

當然，只分析環境腳本，價值不高。重要的是，如何活用這項分析。殼牌公司模擬出石油危機的腳本，早一步將情境分析的結果應用在自家公司的投資戰略。

其實，殼牌公司在投資案件中，就是利用情境分析，實行解決問題中的「評價替代方案」（已在前文說明過，請參見第六章）。換句話說，該公司將自己的行動（投資的替代方案）對照可能發生的環境腳本，做出評價。關於這一點，我將在後面的章節中詳細解說，如何利用腳本／行動矩陣，來評價替代方案。

■要建設新工廠，還是改善既有工廠？

石油公司的投資案件，也就是該公司的行動，可大略分為以下幾種。在上游是

圖表8–10 殼牌公司的環境風險和腳本

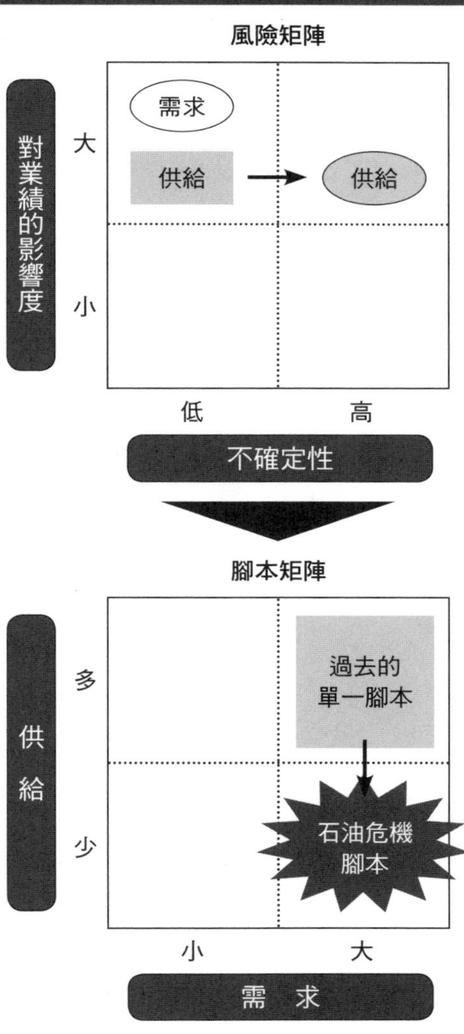

開採原油的相關投資，像是挖掘原油的油井等；在下游是投資在建構石油產品的銷售網絡，像是配送、加油站等；在中游則是投資石油精煉設備，例如建設石化產品工廠等。在石油危機的腳本中，敏感度最高的投資是精煉設備的相關投資。另外，精煉設備的投資還可以分為「建設新工廠」和「改善既有工廠」（見圖表8-11）。

如果以腳本／行動矩陣來思考，縱軸代表環境，橫軸代表行動（解決問題的替代方案）。因此，殼牌公司在縱軸上把過去的美好腳本替換成石油危機的腳本，在橫軸上則是選擇「建設新工廠」與「改善既有工廠」這樣的替代方案。兩套腳本、兩個行動，可以預想出四種狀況。這時候，可以選一個特定的行動，再對於所引發的狀況予以評價（見圖表8-12）。

■殼牌將石油危機腳本運用在評估投資戰略

如果將建設新工廠這個行動設定為美好腳本，就可以將它評價為經濟性高的投資，因為石油公司既可以拿到便宜的原料（原油），製造出來的產品也賣得好。

但是，如果環境腳本改變，情況就不同了。在石油危機的腳本中，建設新工廠

圖表8–11 石油公司的投資案件

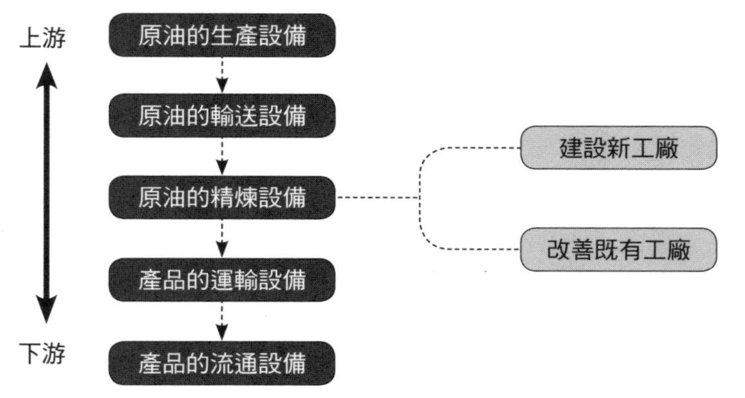

圖表8–12 腳本／行動矩陣

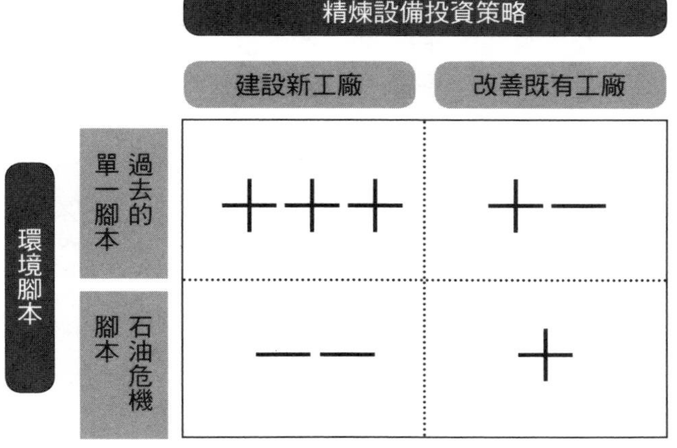

＊＋－為引發狀況之評價。

這個替代方案所得到的評價會明顯降低。即使石油產品需求旺盛，但因為原油價格高漲，加上供給停滯，增設工廠只會加重負擔，對企業而言是避之唯恐不及的事。

那麼，在「改善既有工廠」上做投資又如何呢？追加既有精煉設備的投資，使精煉設備能用一定量的原油來生產附加價值較高的產品，例如汽油、煤油、輕油等。相反的，也可以投資一些能以少量原油來生產高價值產品的裝置，例如流動媒床觸媒裂解（Fluidized Catalytic Cracking，簡稱FCC）等。

但是，這些裝置價格甚高，不利於減少成本和增加生產能力，並不經濟。因此，如果原油過於便宜，或是精煉出來的汽油、煤油等產品價格無法提升，那麼「改善既有工廠」這項方案的經濟性便所剩無幾。換句話說，在美好環境腳本中，「改善既有工廠」方案的評價甚低（相關選擇和分析見圖表8-13）。

■在石油危機腳本中，投資改善既有工廠非常有利

但是，在石油危機腳本中，「改善既有工廠」方案的評價大為提升。如果原油價格高漲，追加投資在節約原油的產業上，效果將會大增。同樣的，如果石油製品

圖表8–13 腳本／行動矩陣圖

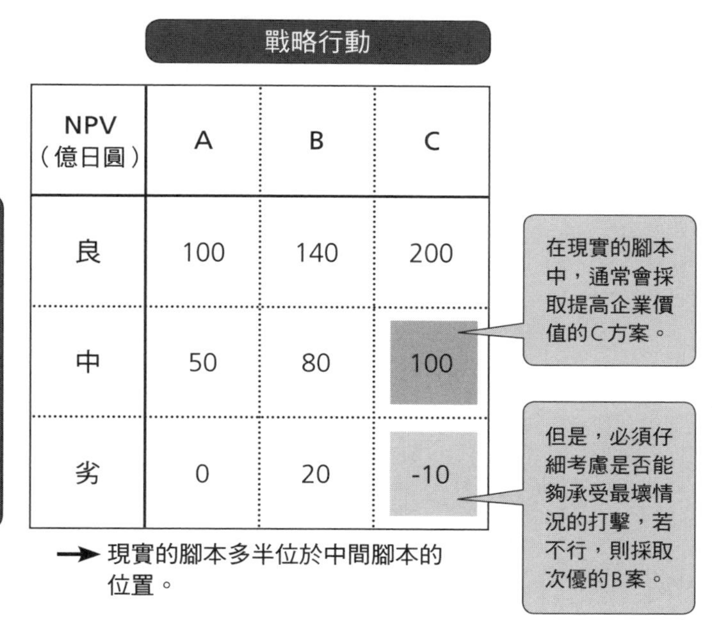

戰略行動
環境腳本

NPV（億日圓）	A	B	C
良	100	140	200
中	50	80	100
劣	0	20	-10

在現實的腳本中，通常會採取提高企業價值的C方案。
但是，必須仔細考慮是否能夠承受最壞情況的打擊，若不行，則採取次優的B案。
→ 現實的腳本多半位於中間腳本的位置。

＊NPV：淨現值（Net Present Value）是評價投資案件的一種常見方法。

的價格高升，高附加價值產品的經濟效果也會大增。不僅如此，在石油危機腳本中，投資在建設新工廠的回報非常低。因此，在相對評價上，改善既有工廠比建設新工廠要好得多了。

實際上，當石油危機腳本成為事實時，殼牌公司比其他任何一家公司更早一步將投資切換成改善既有工廠。

將目光拉回到現在，由於中國的經濟成長飛速，造成石油的需求擴大，加上中東情勢混亂，因此從二〇〇四年至二〇〇六年之間，原油價格節節攀升。面對這個情勢，日本的石油公司所採取的行動是改善既有工廠。

雖然，人類致力於開發新的汽車燃料和電動車科技，希望有朝一日能取代石油製品，但很遺憾的是，碰到原油價格高漲的替代方案，相較於三十年前並沒有進步多少。

第 9 章

結合腳本和替代方案

- 用環境腳本評價各替代方案
- 製作腳本／行動矩陣
- 評價企業的投資，用淨現值來分析

用環境腳本評價各替代方案

我們已經學會如何製作環境腳本。情境分析就是在解析自己無法掌握的風險因素。如同前面解說殼牌公司的事例，製作腳本本身並非目的，其使用價值在於提升解決問題的品質。情境分析是一種系統性的手法，以不確定性為前提，對解決問題中的替代方案進行評價。

先將到目前為止所介紹的步驟重新整理一次：發現問題之後，設定具體的課題，接著選出與解決課題相關的替代方案。從「利多」和「利空」兩方面來評價各個替代方案，找出最適合的解決策略。然後，為了確保付諸實施後，能在未來產生效果，還要使用情境分析，來評價防杜潛在型和追求理想型問題的解決策略，因為這兩類問題的解決策略能否發揮成效，容易受到環境變化所左右。

■用腳本／行動矩陣掌握狀況

下一步，是將替代方案的行動套用在環境腳本中做評價。使用的方法是繪製腳本／行動矩陣。在這個矩陣中，如同殼牌公司的事例，縱軸表示環境腳本，橫軸則是行動（替代方案）。這個矩陣刻意將環境腳本和解決策略放在一起。假設環境腳本有三套，行動的選擇項目有三種，就會出現九種狀況。

這些狀況顯示了，在某種環境腳本中採取某種行動後的結果，換句話說，表示每項行動可能會發生的狀態。因此，腳本／行動矩陣可以顯現出解決問題時所有可能出現的面貌。

請回顧剛才在殼牌公司事例中所列出的腳本／行動矩陣。這個矩陣雖然形式比較簡單，只有四種狀況，但顯示了殼牌公司在思索精煉設備的投資行動時，想到的所有可能面貌。

■以切身的例子確認流程

為了方便讓大家理解，我再次用「今天可能會下雨」這個切身的防杜潛在型問題來做確認。之前我們已經思考過，如果要提出掌握問題本質的設問，那麼其本質性課題應該是「該怎麼做才不會被雨淋溼」，而這同時也是一項預防策略。

接下來，我們替他想出幾個不被淋溼的替代方案，例如不要出門、開車出門、等雨停等等，最後T選擇了最務實的方法「帶傘出門」。雖然每一項解決策略都能解決「不被淋溼」的問題，但是從成本（也就是實施行動的利空）來看，帶傘出門應該是最佳決策。假如要解決的問題是屬於「普通的下雨天」這種單一腳本的預測，大致上到這裡就算告一段落。

製作腳本／行動矩陣

但是，如果我們也將另一個重要的不確定因素「風也有些奇怪」，當作環境風險中，那麼就得進行情境分析。以很可能會發生的現實環境腳本來說，可以假設出幾種狀況：

「風勢、雨勢都很弱」的小雨腳本。

「風勢很弱、但雨勢很大」的大雨腳本。

「風勢、雨勢都很大」的強風豪雨腳本。

更進一步，以現實的行動來說，有幾種選擇：

「帶摺疊傘出門。」

「帶大雨傘出門。」

「帶雨衣出門。」

為了簡化分析，這裡不做行動的組合。決定了腳本和行動之後，就可以製作矩陣。在縱軸放上環境腳本，在橫軸放上行動，就會出現九種狀況。

■評價可能發生的腳本

以環境腳本的類別分析每項行動，就能俯瞰全貌，以下是我憑個人之見所做的評價（見圖表9-1）。

◎摺疊傘

在小雨的腳本中，摺疊傘的評價最高。不僅不會被淋溼又方便攜帶，所以評價為九十五分。但是，在大雨的腳本中，摺疊傘就沒那麼好用了，多少會被淋溼，所以評價為六十分。在強風豪雨的腳本中，摺疊傘不只容易「開花」，我們還會因此變成落湯雞，所以只有三十分。

◎大雨傘

若帶大雨傘出門呢？在小雨的腳本中，大雨傘可以避雨、但攜帶不便，所以評價為八十分。在大雨的腳本中，大傘比較可靠，即使攜帶不便，評價也有九十分。而在強風豪雨的腳本中，即使大傘不會開花，還是會被旁邊打過來的雨淋溼，所以只有四十分。

圖表9–1 腳本／行動矩陣圖（下雨例子）

環境腳本 ＼ 戰略行動	摺疊傘	大雨傘	雨衣
小雨腳本	95分	80分	50分
大雨腳本	60分	90分	70分
強風豪雨腳本	30分	40分	85分

◎雨衣

如果穿雨衣出門呢？在小雨的腳本中，不管雨衣的避雨功能有多好，穿著走在路上總覺得難看，所以評價為五十分。

在大雨的腳本中，雖然很好用，但還是不好看，所以評價為七十分。在強風豪雨的腳本中，即使雨從旁邊打來也不怕，即使樣子難看些，還是有八十五分。

這個「看起來快下雨」的例子，屬於日常身生活的小事。然而，即使用於假想大企業的經營策略，基本的思考方式也是相同的。不管大事小事、日常與否，問題就是問題，剩下的是當事者對於問題細節的資訊掌握徹不徹底。

評價企業的投資，用淨現值來分析

在下雨的例子中，我簡單的為各種狀況進行定性分析，並打上分數。但是，在思考企業經營策略時，應該要做更嚴謹的定量分析。但是，這不是本書的重點，因此不詳細介紹。一般而言，最具代表性的定量分析為「淨現值」（Net Present Value，簡稱NPV）。

所謂「淨現值」分析，就是先預測某項策略會替公司帶來多少現金收入（自由現金流），再除以加權平均資金成本（Weighted Average Cost of Capital，簡稱WACC），重新計算出現在的價值，最後再減去原始投資額，剩下的餘額就是

ＮＰＶ。簡單來說，將某個策略所帶來的金錢價值，減去為了達到目的必須付出的成本，就是有多少賺頭。但是，要注意淨現值並不等於會計上的利潤。

■還可以用ＩＲＲ進行追加分析

熟知投資分析的讀者當中，或許有人會問：「為什麼不做ＩＲＲ分析？」我的回答是：「當然可以。」其原因在於，進行內部報酬率分析（Internal Rate of Return，簡稱ＩＲＲ）的評價也是有益的。不過，要注意ＩＲＲ僅是「內部」的報酬率，還需要與資金調度的成本做一番比較。

還有一點要注意，由於ＩＲＲ是「報酬率」，因此很難產生像是看到具體金額這樣的效果。舉例來說，假設某個案件的ＩＲＲ為一二％，如果它的ＷＡＣＣ為一五％，那麼損失為三％。即使我們看到這個數字，能理解這是不好的狀況，卻無法實際感受到這三％的損失到底有多少金額。所以，我建議使用ＮＰＶ比較清楚。當然，如果能一併使用ＩＲＲ分析，那就最好不過了。

■定性分析很重要

不管是ＮＰＶ或是ＩＲＲ，在進行定量分析之前，前置作業的定性分析非常重要。也就是說，進行數值分析之前，一定先要做好定性分析。其原因在於，如果每個案例都沒有做好定性分析，就不知道內容為何，也跑不出數字來。換句話說，定量分析可說是把定性分析置換成數字的作業。

第 10 章

解決策略的選擇順序

- 剔除超出容許範圍的解決策略
- 思考環境腳本各狀況的發生機率
- 考慮風險和報酬，再選擇行動

在腳本／行動矩陣中的所有狀況，都已經做出定性和定量的評價之後，接著是付諸行動，也就是從所有的替代方案當中，選出最佳解決策略。這是解決問題中最後一個決策，依照以下的三個步驟去進行，效果最好。

① 剔除超出容許範圍的解決策略。
② 思考環境腳本各狀況的發生機率。
③ 考慮風險和報酬，再選擇行動。

剔除超出容許範圍的解決策略

讓我們一個一個步驟來檢視。首先，確認每項解決策略的最壞狀況。在下雨問題的腳本／行動矩陣裡（見二三五頁圖表9-1），最壞的狀況分別是：

「帶摺疊傘出門」　三十分
「帶大雨傘出門」　四十分
「帶雨衣出門」　五十分

在確認了最壞的狀況之後，接著確認「超出容許範圍的狀況」，也就是付諸行動之際冒不得的風險。如果有風險超出容許範圍，那麼最好剔除那項解決策略。

回頭看這個問題的初始課題：「該怎麼做才不會被淋溼」。假設超出容許範圍的風險是被雨淋溼，那麼在「強風豪雨」的環境腳本中，由於「帶摺疊傘出門」還是會被雨淋溼，算是超出容許範圍的風險，因此最好將「帶摺疊傘出門」剔除在選項之外。

■發生機率非常低，也算是可忍受的風險

對於「剔除超出風險容許範圍的行動」這個想法，或許有些人會提出疑問：「如果最壞情況的發生機率相當低，那麼在實際上，可以將它納入可忍受的風險選

項中嗎？」

舉例來說，思考一下「搭乘飛機」這個行為。如果墜機，幾乎可說是必死無疑，一般而言，沒有人可以忍受這種風險。但是，飛機是少數幾種安全性最高的交通工具之一，墜落的機率極低。所以，我們還是根據自己的需求來搭乘飛機。換句話說，即使風險是無法忍受的，但只要發生機率微乎其微，實際上可以把它納入可忍受的風險選項中。

■環境腳本列舉的都是可能發生的狀況

要注意的是，這裡提及的環境腳本，全部都是未來可能發生。

對此，我經常用「俄羅斯輪盤式的機率」來譬喻。首先將左輪手槍放進一顆子彈，在旋轉左輪之後，便不知道子彈在哪個位置，接下來兩個人輪流朝著自己的腦袋扣下扳機。

如果這把手槍是可裝填六發子彈的左輪手槍，喪命的機會就是六分之一。我認為，不管獎賞多麼誘人，獎金多麼高，精神狀態正常的人都不會想玩吧。

思考環境腳本各狀況的發生機率

思考腳本的發生機率時，要謹記不可能有完美的預測。這是選擇解決策略的步驟②。

世界上，沒有能完美計算出發生機率的方程式。因此，要基於過去的統計或是分析者的意見，設定出最有說服力的機率。換句話說，機率的設定必須論據明確。這時候，拘泥在微妙的差異並無助益，比方說，把時間花在討論風險該訂為三二％或是三四％，只是浪費時間。但是，討論風險該訂為三〇％或是六〇％，則是有意義的。總而言之，所有環境腳本發生機率的總和，必須是一〇〇％。

■排除「過度樂觀的預測」

思考發生機率時，最重要的是盡可能排除「我希望這麼發生」的主觀成見。換句話說，不能受到分析者「過度樂觀」的干擾。預防之道是，許多個分析者交換意見，就可以有效減少犯下這種錯誤的機率。如同環境腳本的製作過程，思考發生機率時的重點是：形成共識的過程比腳本是不是真的會發生還要重要。

交換意見之後，可以開始設定環境腳本的發生機率。例如：

「風勢和雨勢都很弱」的小雨腳本　三〇％

「風勢很弱、但雨勢很大」的大雨腳本　六〇％

「風勢雨勢都很大」的強風豪雨腳本　一〇％

考慮風險和報酬，再選擇行動

現在，腳本／行動矩陣中所有狀況實現時的評價與發生機率，都已設定完畢。

接下來，要考慮各項行動的風險和報酬，並斟酌決策者的「風險圖像」（Risk profile），來選定解決策略。

風險圖像是指當事者對不確定性的喜好。有些人即使知道行動帶有危險，但仍對高報酬有樂觀的期待；也有人喜歡報酬普通、低風險的行動。

為了讓各位理解思考的過程，我們將原來剔除的「帶摺疊傘出門」這個解決策略，加進來一起分析。

以順序來說，首先要掌握每項解決策略的特色。接著，討論每套環境腳本。你可以討論各種狀況的定性分析，如果已經評價出數據，也可以直接比較數據。由於前文已在「下雨問題」的例子中設定分數，因此直接拿來進行解說。

■掌握每項解決策略的特徵

「帶摺疊傘出門」的行動是高風險／高報酬。在發生機率三〇%的「小雨腳本」中，這項行動得到九十五分的高分。雖然「強風豪雨腳本」的發生機率只有一〇%，但是帶摺疊傘只得到最低分三十分。於是，**最高分和最低分的幅度相差六十五分**（按：由相差的數值判斷風險程度）。

在發生機率最高六〇%的「大雨腳本」中，這項行動的分數並不高，只有六十分。在和發生機率加權之後，「帶摺疊傘出門」這項行動的平均分數是六十七・五分（95×0.3＋30×0.1＋60×0.6＝67.5），在三項行動中**屬於高風險**。

「帶大雨傘出門」的行動，在「小雨腳本」中得到不錯的分數八十分。在「強風豪雨腳本」中，這項行動得分不算最低，但也只有四十分。於是，最高分與最低分相差四十分。在「大雨腳本」中，這項行動的分數最高，有九十分。

在和發生機率加權之後，「帶大雨傘出門」這項行動的平均分數是八十二分，是三項解決策略當中的最高分。由此可知，這項行動帶有中等的風險。

「帶雨衣出門」的行動，在「小雨腳本」中得到五十分，並不起眼。但是，在「強風豪雨腳本」中，這項行動卻得到八十五分的高評價。於是，最高分和最低分相差三十五分，**相差幅度是三者當中最小的**。而在發生機率最高的「大雨腳本」中，這個行動得到還不錯的分數七十分。在和發生機率加權之後，「帶雨衣出門」這項行動的平均分數是六十五．五分，**屬於低風險**的行動（見圖表10-1）。

■選定最終的策略

假如決策者的風險圖像是一般的中風險／中報酬，他應該會選擇「帶大雨傘出

圖表10–1 依風險偏好類型做決定

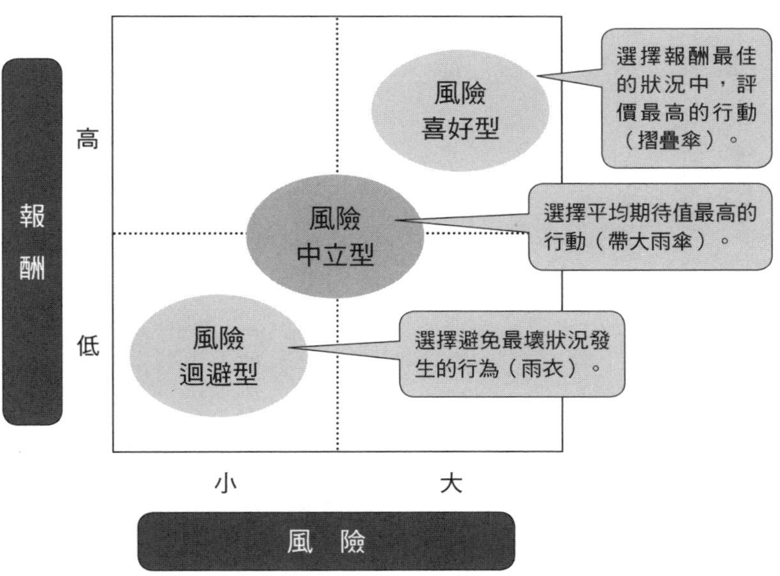

門」。其原因在於，在發生機率最高的「大雨腳本」中，這項行動獲得最高的評價，而且在和發生機率加權之後，這項行動的平均分數也是最高。

假如決策者偏好低風險／低報酬，他很可能會選擇「帶雨衣出門」，這是最保險的行動。相反的，如果決策者是偏愛高報酬的風險愛好者，他應該會選擇「帶摺疊傘出門」。但要注意，如前文所述，雖然「強風豪雨腳本」的發生機率很低，但還是有被淋溼的危險。因此，如果認為這個風險超出忍受範圍，最好將這項行動剔除在選項之外。

■如果決策者是賭徒

還有一種情況是，假如決策者是非理性的風險愛好者，換句話說，是一名賭徒，那麼他或許會採取「不帶任何雨具出門」的行動。在這次設定的環境風險中，沒有「不下雨」（機率太低了）這個選項。如果有這個選項，賭徒可能會在這一套過度樂觀的腳本上賭一把，但本書非常不建議這個行動選項。

不過以腳本來說，即使不會放晴，只要有可能出現陰天的環境，請務必把它放進分析選項中。同樣的，「不帶任何雨具」的行動也應該成為現實的選項之一。

做決策時，請按照這套方法，確實的認識腳本／行動矩陣中各項行動所伴隨的風險，並同時斟酌各個方案的報酬和發生機率，然後再下決定。

Part 3

麥肯錫的強項：分析

第11章

分析要合乎邏輯，其實很簡單

- 分析與解決的基礎：邏輯思考
- 邏輯不憑感覺，而是有具體主張和論述
- 以對方的立場檢視自己的邏輯

分析與解決的基礎：邏輯思考

解決問題時，分析力非常重要，而分析力的基礎在於邏輯思考。在本書的最後，我將為各位整理並介紹邏輯思考的基本知識。

進行分析或是解決問題所需要的能力，追本溯源，都屬於邏輯思考的應用範圍。邏輯思考雖然堪稱為所有業務的基本功，是一種非常重要的技巧，但是很少人能正確理解，邏輯思考具體上到底是什麼。

事實上，有不少人認為自己不擅長邏輯思考或是邏輯表達。然而，無論你在思考和表達上多麼想要變得具邏輯性，光是只有渴望還不夠，必須知道具體上該怎麼做才有意義。首先，讓我們先確認什麼是邏輯思考。

■沒有邏輯的主張，沒有人理會

N（二十八歲，男性）在一家工具機廠商擔任市場行銷工作，是位認真負責的員工。他向上司建議：「我們目前以賣斷的方式銷售產品，但未來應該改為以租賃的方式促銷」、「用租的好」、「以後的主流絕對是出租」。N堅持自己的主張、充滿熱忱，打算說服上司。

但很可惜的，上司K（四十歲，男性）絲毫沒有任何回應，因為對K而言，N的「提案」充滿了一廂情願，絲毫沒有邏輯性，就像是：

「這是一本好書。」
「S先生為人很親切。」
「A公司是一流企業。」

這些句子都只是陳述主張，沒有邏輯性可言。其實，這只是意見的表達，尚未進入邏輯性的層次。也就是說，N的發言僅是情感的羅列，尚停留在主張的程度（見下頁圖表11-1）。

儘管如此，若要評價N的主張，其優點是相當明確。在日本社會裡，無論是政治家的發言或是一般民眾的主張，都充滿曖昧、模稜兩可的色彩。至少，「目前我

圖表11–1 邏輯性的基礎

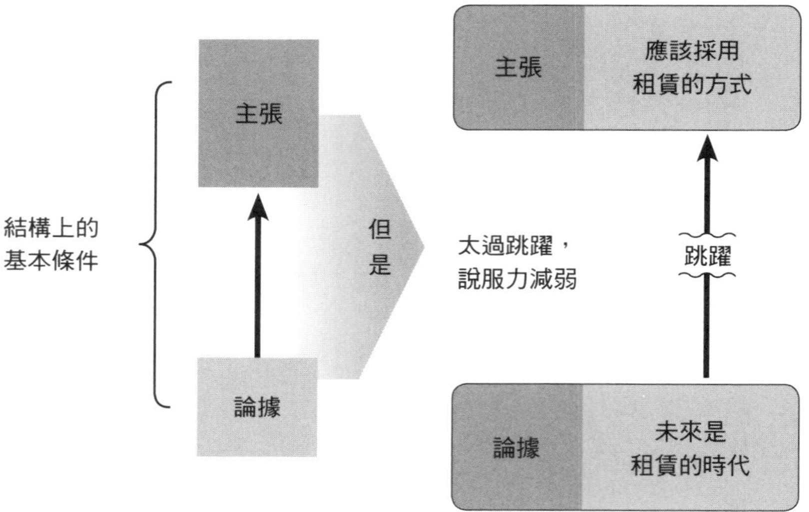

們以賣斷方式銷售的產品，在未來應該改為以租賃的方式促銷」這樣的意見，已經表達得非常明確。

■邏輯就是：說出主張，提出論據

邏輯性最基本的要求是**「主張之後，提出論述」**，**也就是「說完想說的話之後，得好好說出理由」**，讓主張言之成理。光是熱切的強調自己的意見，不能說服對方。為了增加主張的邏輯性，還必須提出論述。光只有主張，只會讓人覺得莫名其妙。

當N理解到為了讓表達更富邏輯性，除了主張之外，最重要的是要提出論據，於是他趕緊將這項新知識付諸實踐，對上司K說：「我們公司應該採取租賃的方式促銷。因為，將來租賃會是主流。的確，從過去到現在，一般都認為工具機應該算是資產的一部分。但是，未來是租賃的時代，正因為如此，所以更應該採用租賃的方式。」

很可惜，即使如此，上司K仍沒有接受N的意見。他說：「你的邏輯太跳躍了。租賃的時代到底是什麼意思？我現在很忙，以後有空再聽你說明。」

邏輯太跳躍？因為論據無法支持主張

「主張之後，提出論述」的確是邏輯性的基礎。然而，光只是形式上的論述，無法確保所表達的主張自動變得有邏輯，你提出的論據還必須確切支持主張。

雖然N這次有進步，但上司K對於他的提議做出一個評論：邏輯太過跳躍。也就是說，雖然N的論述缺乏說服力，但至少在形式上替他的主張加上論據。因此，我們可以說，N至少現在已經站在邏輯表達的大門口了。

的確，「未來是租賃的時代，正因為如此，所以應該採用租賃的方式」這種說法太過曖昧，連N也知道一點說服力也沒有。這次N學到寶貴的一課，那就是論據必須確切的支持主張。N並不氣餒，打算再度挑戰說服上司K，N的優點就是毅力過人。

邏輯不憑感覺，而是有具體主張和論述

N捫心自問：「租賃的時代是什麼意思？」他發現：「對了，這是一種**感覺**，應該提出更**具體**的說法。」於是，N開始思考為什麼說未來是租賃的時代。結果，他提出一個結論：「對於使用者而言，租賃的方式好處比較多。」但是，N又想：「這也是主張，最好多蒐集一些**論據**比較好。」所以，對於身為使用方的企業而言，他開始整理出租賃方式有以下好處：

「不需要準備高額的購買資金。」

「不必將工具機納入資產，因此不必列入資產負債表。」

「可以將租賃費用全額列入經費支出。」

N打算再度挑戰，他對自己說：「租賃還有很多好處，不過這幾點最具代表性。這次一定要說服上司K。」

N先告訴K：「我們公司應該採取租賃方式促銷。的確，目前的主流是把工具機當作公司資產的一部分。但是，未來是租賃的時代。換句話說，企業透過租賃方式擁有工具機將有很多好處。例如，不需要準備高額的購買資金。此外，不必將工具機納入資產，因此不必列入資產負債表中。而且，還可以將租賃費用全額列入經費支出。」

■論述跳躍，邏輯上便欠缺說服力

結果，上司K回答：「採用租賃方式對使用者的確有很多好處。N，你的說明確實越來越有邏輯性，我懂你的意思了。但不能說服我的是，就算租賃對企業客戶有很多好處，並不代表我們公司一定要採用這個方式。這之間的邏輯關係，還是有些跳躍。即使這件事對客戶非常有利，但我們公司畢竟不是慈善事業，不能只考慮對方。所以，你再回去想想吧。」

看來N的邏輯已經有很大的進步。雖然仍然有些問題，但是連K也稱讚他有邏輯性。N已提出具體的論述，來說明為什麼出租方式對客戶有利。換句話說，他已經能夠進行邏輯性的說明，就差最後一步了。

■邏輯跳躍，問題出在「自以為是的默契」

N開始思考，「我們公司應該採用租賃方式。因為對於使用者而言，租賃有很多好處」這句話有何不妥。他覺得這句話聽起來還蠻有邏輯，於是反覆思考K的評論：「就算租賃的方式對企業客戶有很多好處，並不代表我們公司一定要採用，這個部分無法說服我。」

那天晚上，N在浴缸中泡澡時忽然靈光一閃：「對了，只要說用租賃的方式能讓公司賺更多錢就對了！由於租賃對企業客戶有很多好處，因此公司營業額會提升，所以我們應該要採用租賃的方式。

「之前，因為覺得這太過理所當然，所以根本沒意識到需要說出來。仔細想想，即使租賃對客戶有很多好處，但如果公司賺不到錢，就一點意義也沒有。就是這個地方產生邏輯上的跳躍，我以為對客戶有利就會增加公司營業額，這一點不用說大家也都知道，所以省略了這段描述，沒有明白講出來。」

N終於發現，**邏輯跳躍通常發生在沒有明言、「自以為是的默契」**（見圖表11-2）。

以對方的立場檢視自己的邏輯

現在我們知道，要具備邏輯性，必須「主張之後，提出論述」。另外，為了避免發生主觀認定的問題，還要明確表達出尚未明言的主張，也就是「自以為是的默契」，這樣可以增加邏輯上的說服力。

想確認是否犯下自以為是的默契的毛病，最好的方式是**站在對方的立場，檢視自己的主張及論述**。盡量從對方的角度思考，確認自己的主張及論述是否能讓對方理解。當然，我們不可能百分之百知道別人的想法，但是可以盡可能反覆推敲對方的立場及想法。如此一來，就可以知道自己的論述哪裡產生跳躍，進而找出邏輯上的盲點。

圖表11-2 讓自以為是的默契明朗

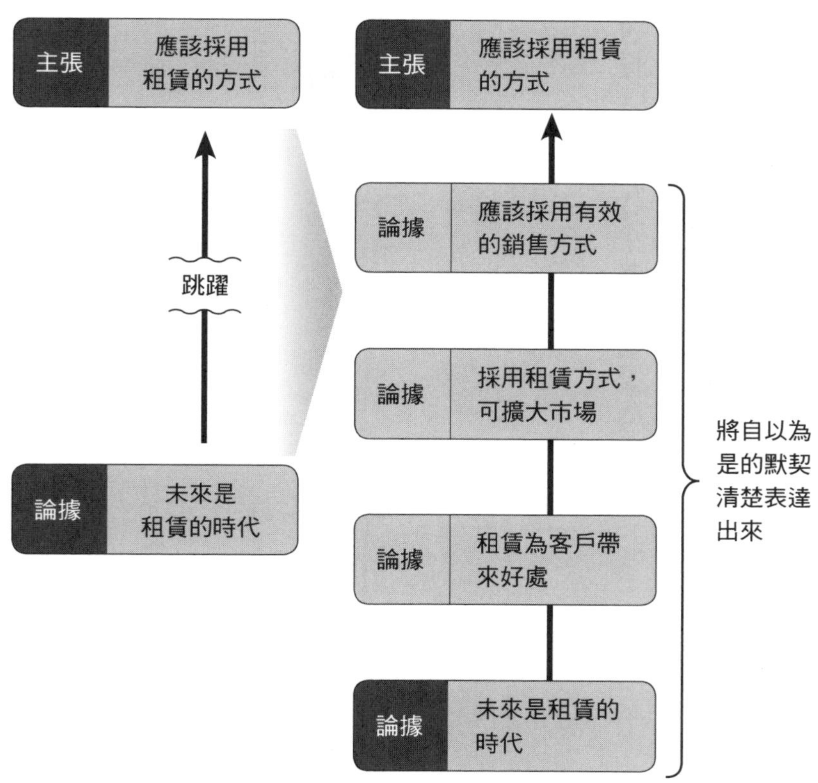

■用「後設認知」檢視自己的邏輯

N的分析是要說給上司K聽，因此N必須站在K的立場來修正自己的邏輯。但是，我們一般在假設解決問題的狀況時，多半沒有明確設定訊息傳達的對象。也就是說，我們多半是一個人進行分析。

在這個過程中，為了能夠正確的解決問題，必須逐一檢視自己的邏輯。即使沒有設定訊息傳達的對象，還是可以進行假設性的檢視。具體來說，當我們要解釋某項事實時，要捫心自問：「為什麼根據這項事實，會導出這項結論呢？其前提又是什麼？」

在心理學的領域中，這種從高處往下俯視自己思考的方式，被稱為「後設認知」（metacognitive），換句話說，就是思考自己正在思考什麼。

■鍥而不捨的自問「為什麼這麼認為？」

N學習到與對方擁有共同默契的重要性之後，立刻著手撰寫給上司K的建言報告：「本公司應該採用租賃的方式來促銷工具機。理由是，租賃方式的獲利將比目前的賣斷銷售方式還要高。因為，租賃可以讓企業客戶享受到諸多好處。例如，不需要準備高額的購買資金。此外，不必將工具機納入資產，因此不必列入資產負債表。而且，還可以將租賃費用全額列入經費支出。」

N確信這次絕對沒有問題。幸好，他並未忘記要用後設認知的觀念再檢視一次：「可是，光是這些利多，真的可以讓公司的獲利增加嗎？」、「反過來想，最好先確認公司是否因為欠缺租賃方式的利多，所以影響了銷售。」、「的確，當銀行緊縮信用，企業的資金調度變得困難，即使租賃的方式會讓他們在資金周轉上輕鬆許多，但若是投資設備的必要性不高，也不必然會提高我們的營業額。這一點必須先確認……。」

在這種**確保邏輯性的作業中，鍥而不捨非常重要**，需要具備極大的耐心和毅力，耐著性子自問：「為什麼？」、「這樣真的可以嗎？」，敦促自己不斷思考。

■邏輯思考三要點，邏輯過程無止境

K看完N的建言報告之後，回應：「原來如此，用租賃的方式確實可以期待公司業績提升。好，你這次的邏輯完整，這份報告不錯，高層點頭的機率應該很高。N，你還要去調查其他公司的狀況。

「由於我們公司還沒有租賃營利的經驗，因此請回去想想採用租賃方式之後，該以什麼樣的銷售體制去推動。最後，可能需要和大型租賃公司合作，最好先列出所有可能合作的廠商。你立刻去進行。」

接受N的建言之後，K也開始動起來了。N的熱情和邏輯奏效，K不僅指示N進行後續的調查，還提供寶貴的意見。

追求邏輯性可說是永無止境的作業，一位好的問題解決者必須在有限的時間內找出最佳方案，並且精益求精，永無止境。

在所有與分析或解決問題有關的腦力作業中，①「主張之後提出論述」、②「檢視主張和論述有沒有正確的連結」、③「鍥而不捨、反覆驗證假設」這三個要素，是必備的共通能力（見圖表11-3）。

圖表11-3 邏輯性的三要素

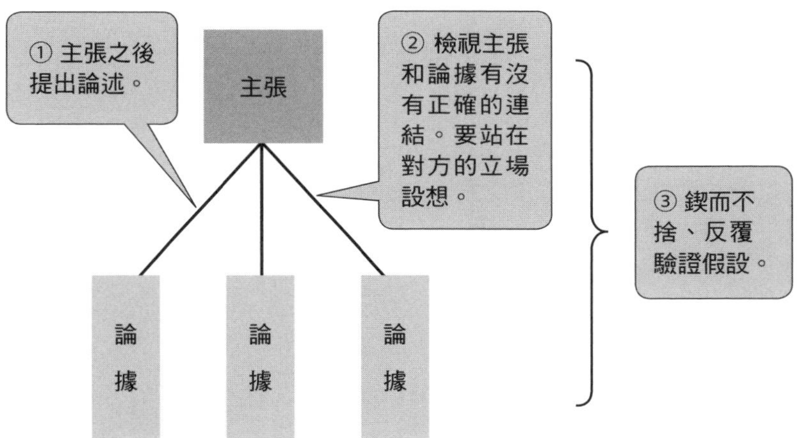

第12章

「分析」的本質

- 以MECE的概念分析
- 活用現成的架構，進行分析

以MECE的概念分析

■分析即拆解，本質為MECE發想

分析的基本概念是：將事物拆解，思考各個組成成分之間的相互關係。最能明顯表現分析本質的思考方法是MECE（按：唸做me see），所謂MECE，是「Mutually Exclusive, Collectively Exhaustive」的縮寫，意指兼具相互排他性（Mutually Exclusive）與集合網羅性（Collectively Exhaustive），也就是拆解後的各個組成成分「不重複、不遺漏」。

「將事物進行分解，從結構去理解全體」這種思考方式的精髓，就呈現在MECE之中。事實上，MECE分析事物的方法與日本文化，可說是相對的兩個極端。日本文化受佛教的影響，習慣以直觀掌握事物的全貌。就如同俳句的世界觀，作者（觀察者）融入情景，形成主客不分的世界。

回到正題，MECE掌握事物的方法是，除了要劃分清楚分析者與分析的對象之外，還要將所有的要素完整還原，這是一項理性思考的活動。直觀的靈光乍現以及還原要素並進行分析，這兩者是互補的，建議你同時培養這兩項技術。

拆解分類必須不重複、不遺漏

舉例來說，人可以分為男性和女性，這是符合MECE的分類方法。另外，如果將人區分為「成年人」和「未成年人」，也是符合MECE原則。

但是，如果將人分成「成年人」和「男性」，就不符合MECE了。其原因在於，在成年人的範疇中包含了男性，於是出現了重複的情形，並不符合「相互排他性」，同時還遺漏了未成年的女性，也就是沒有達到「集合網羅性」。

假設某家企業依據顧客的收入和資產，將顧客區分富裕階層、小康階層、一般階層，以及低所得階層。如果他們把收入較低、但仍擁有資產的低所得者分入富裕階層中，這樣的分類還算是符合MECE原則。但是，如果把一般階層換成上班族，就並未達到相互排他性的要求，因為上班族當中有富裕階層也有低所得者（見下頁圖表12-1）。

圖表12–1 MECE的思考法

①無遺漏、無重複

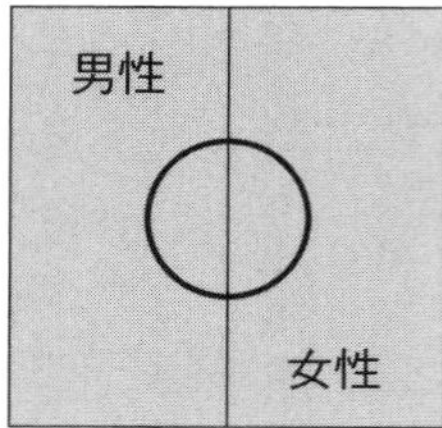

男性和女性

②有遺漏、無重複

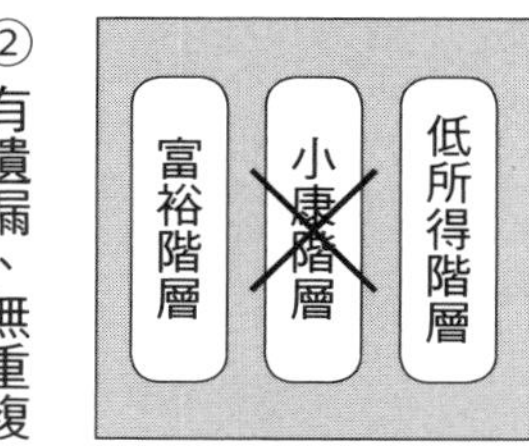

富裕階層、小康階層、低所得階層

④無遺漏、有重複

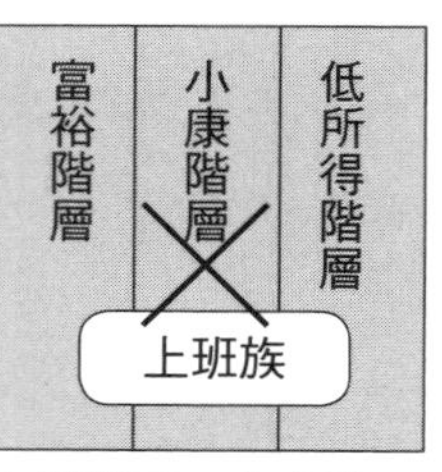

富裕階層、小康階層、低所得階層、上班族

③有遺漏、有重複

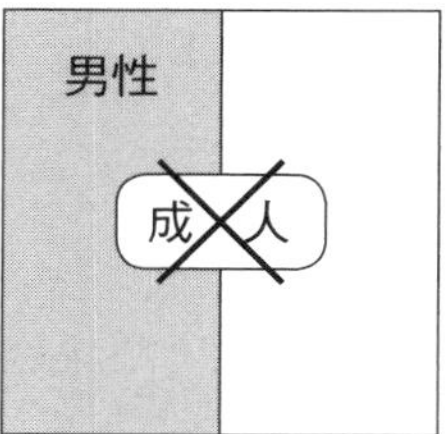

成年人和男性

MECE

Mutually Exclusive
Collectively Exhaustive

相互排他性，集合網羅性。不遺漏、不重複。

在生活中養成MECE思考的習慣

想要培養分析力，必須在日常生活中養成MECE思考的習慣。舉例來說，丟家裡的垃圾時，如果把垃圾分成「可燃」和「廚餘」如何？有人應該會覺得：「這樣分類重複性很高，這兩種都是可燃的，不是嗎？」、「而且鐵鋁罐、寶特瓶又該分在哪一類？這樣就遺漏了。」

此外，我們還可以思考：

「現在、過去、未來這種時間概念的分類，符合MECE原則嗎？」

「東南西北、春夏秋冬等方位和季節的分類，符合MECE原則嗎？」

「A說經營公司重要的是人、物、錢。這種經營資源的分類符合MECE原則嗎？難道資訊不是重要的經營資源之一？但是，如果將資訊歸類在『人』的範疇裡，或許便符合MECE的分類。」

「喜怒哀樂，網羅了所有的感情嗎？」

「喝咖啡要不要加奶精？這個做決定的過程符合MECE的概念。而要不要放砂糖？這也符合ＭＥＣＥ的概念。」

有一則與咖啡相關的知名故事。在傑克．威爾許（Jack Welch）帶領的美國奇異公司（General Electric）裡，許多員工都曾經任職麥肯錫顧問公司，這是公開的祕密。奇異公司的祕書替訪客準備咖啡之前，都會填一份矩陣表格，縱軸寫著「要不要放奶精」，橫軸寫著「要不要放砂糖」。不管這件趣聞的真實性如何，它展現的意義是，ＭＥＣＥ的分析和思考方式已經滲透到奇異公司組織的各個角落。

Ｍ（二十九歲，男性）決定向女朋友求婚，並且有自信女朋友會答應。於是，他事先去珠寶店看結婚戒指。店員說明了Ｍ所中意的戒指：「這只戒指的鑽石，價錢不貴、大顆、色澤佳，而且切工獨特、透明度也很好。」Ｍ心想：「大小、色澤、切工、透明度。店員正在對鑽石做符合ＭＥＣＥ原則的評價嗎？」

抓住利用ＭＥＣＥ來思考、整理事物的訣竅之後，接下來就是反覆練習。各位可以在平常生活中，訓練自己用ＭＥＣＥ來整理周遭的事物。

活用現成的架構，進行分析

■ＭＥＣＥ的架構有三種

好的架構都符合ＭＥＣＥ原則，能夠大幅提升我們的分析力。因此，最好多學幾種備用。

符合ＭＥＣＥ原則的架構，大致可分為三種。第一種是將分析對象區分成符合ＭＥＣＥ的項目，有助於當事者理解分析對象的結構。第二種用「流程」概念掌握ＭＥＣＥ的項目，有助於當事者理解分析過程。

第三種則是使用由縱軸及橫軸建構而成的「矩陣」，來整理事物。該矩陣是由ＭＥＣＥ分類過的兩個獨立變數作為主軸，可幫助分析者達到結構性的理解。雖然矩陣可以擴充到三次元，但是過於複雜，因此我不建議使用。接下來，我先介紹幾種代表性的ＭＥＣＥ架構，詳細內容見第十三章至第十五章。

有助於結構性理解的ＭＥＣＥ架構

- 思考事業策略的「３Ｃ」。
- 適合分析業界的「５力」。
- 思考組織策略的「７Ｓ」。
- 擬訂行銷策略的「４Ｐ」。
- 針對宣傳策略進行分析的「推廣組合」（promotion mix）。

分析流程的ＭＥＣＥ性架構

- 顯示企業機能流程的「商業系統」。
- 歸納購買決策流程的「ＡＩＤＭＡ」模型。
- 保全品牌名聲的「道歉啟事」架構。

以ＭＥＣＥ獨立變數為軸所組成的「矩陣」

- 思考事業組合的「ＰＰＭ矩陣」。

- 思考成長策略的「產品・市場矩陣」。
- 檢討企業併購的「企業價值創造矩陣」。
- 協助職涯規畫的「職涯矩陣」。

分析架構是手段，不是目的

現在已有許多現成的分析架構，有助於運用MECE原則來分析狀況和現象。學習這些工具時，請注意不要死背分析架構或是只填入表格而已，必須事先確認自己是基於何種目的，來使用這些工具。

時時將解決問題放在心上，就會發現使用分析架構的目的是屬於恢復原狀型、防杜潛在型，或是追求理想型問題。在**確定問題的類型**之後，就能夠活用架構，針對各種課題進行分析。

解決恢復原狀型問題時，遭遇到的課題領域包括了掌握現狀、分析原因、根本處置、防止復發等。對於這些課題領域，可以運用分析架構來制訂解決方案。當然，分析架構也可以運用在緊急處置上。

解決防杜潛在型問題時，必須意識到使用分析架構是為了解決這些課題：確定不良狀態、預防策略、發生時的因應策略等。而解決追求理想型問題時，則必須經常提醒自己，使用分析工具的目的是解決以下的課題：資產盤點、選定理想、達成理想的行動計畫等。

即使為了增加分析力，多記住幾種分析架構，也未必能夠提升解決問題的能力。原因在於，終究必須了解，在**發現問題和設定課題**的過程中，每一種架構的定位到底為何。

我協助過許多的日本代表性大企業，進行員工能力開發，強烈感受到大多數的人認為「只要懂得分析架構就好」。當然，懂不懂很重要，但是光靠分析工具並沒有辦法解決問題。

第13章

如何分析策略、產業、組織、行銷

- 思考事業戰略的「3C」
- 適用於業界分析的「5力」
- 思考組織策略的「7S」
- 擬訂行銷策略的「4P」
- 將推廣策略用MECE分解

思考事業戰略的「3C」

首先，我要介紹的方法是可以幫助我們進行策略思考的3C。換句話說，就是以三個由C字母開頭的主題：自家公司分析（Company）、競爭對手分析（Competitor），以及顧客和市場分析（Customer）進行策略思考（見圖表13-1）。

此外，視情況可以加上第四個C「通路」（Channel）。如果該業界容易受政府決策所影響，還可以加一個C「當局」（Controller）。

■分析初期著重蒐集事實

在發現問題階段的分析中，為了掌握狀況，應該把重心放在蒐集事實，例如自家公司與競爭對手的營業額和利潤的演變、市占率的變化、成本結構、通路狀況、近期的策略或戰術等，蒐集這些資訊是基本工夫。

接著，思考這些事實的意義，同時理解自家公司與競爭對手的強項和弱點。在思考自家公司的狀況時，容易掉入自以為是的陷阱，稍不注意就會在分析中帶入主

圖表13–1 戰略立案中的3C

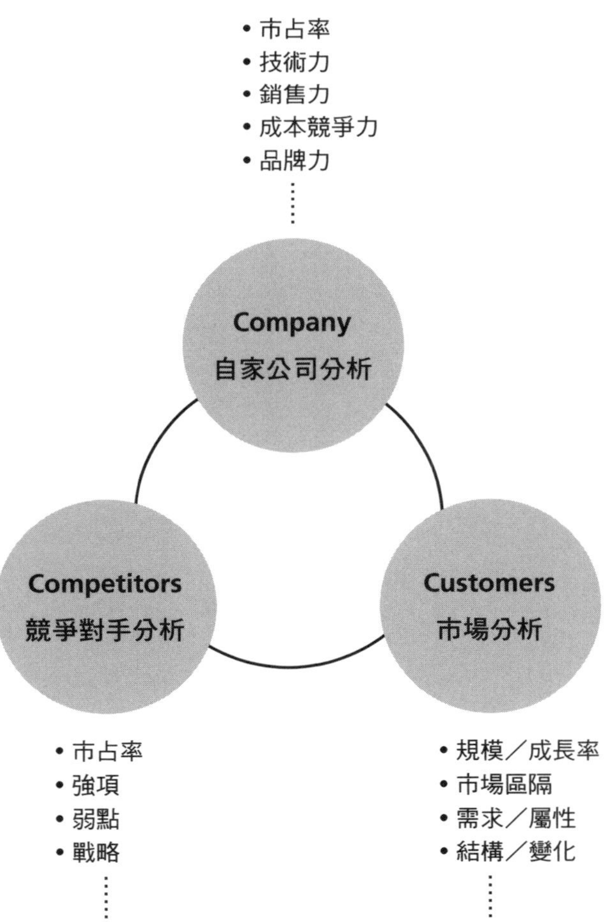

觀成見，卻毫不自覺。因此，對於那些被視為理所當然的事物，也要根據事實逐一驗證。

■宏觀與微觀的資訊都蒐集

在市場分析中，除了要宏觀的觀察市場整體規模和成長的演變之外，還要注意自家公司鎖定哪個市場區塊的顧客層，觀察他們的規模、變化、喜好、需求的動向，以及對未來的展望。蒐集這些重要的資訊之後，將它們作為分析項目。

後面會提到，蒐集解析一些微觀的資訊，像是購買的決策過程或購買的決策者等，也是很重要的。

■在解決方案階段，把三個C統合起來

在解決問題的初期階段，應該先把三個C分別當作個別項目來進行解析，接著發現問題，同時處理重要的課題。到了解決問題的後半段，也就是制訂策略的階段時，必須設計出一個統合各個項目的解決方案。

舉例來說，「活用本公司技術方面的強項，把焦點鎖定在其他公司不太注重的顧客需求上，推出新產品」、「對於本公司的忠實顧客，必須再提供其他公司既有的服務，重新出發」這兩種解決方案，都注重各個項目之間的關連性。

適用於業界分析的「5力」

5力分析（Five Forces Analysis）是美國經濟學家麥可・波特（Michael E. Porter）所提出的架構，透過MECE的觀點，將影響業界的力學分為五種。藉由解析這些力量，能有效分析某業界的特徵、魅力、未來的展望等。

所謂的5力是指：

①目前的產業競爭。

②新加入者的威脅。

③替代性產品或服務的威脅。

④供應商的議價能力。

⑤購買者的議價能力。

一般的產業分析容易偏向關注業界內的競爭，而「5力分析」不只注意業界內的競爭，還顯示出其他力學也是決定業界獲利的重要因素，可說是進行業界分析的必備工具（見圖表13-2）。

■①目前的產業競爭

每個產業的競爭方式都不太相同。要知道某個產業是存在多數同規模企業互相競爭的分散型產業，還是由少數大企業所支配的寡占型產業？而在產品和服務方面，有可能因供給者的特色不同而產生差異；也可能是由誰提供都差不多、都能滿足消費者的日常用品。

另外，許多方面的複雜因素都左右著產業的競爭模式。例如，是因為法規或歷

圖表13–2 產業的 5 力分析

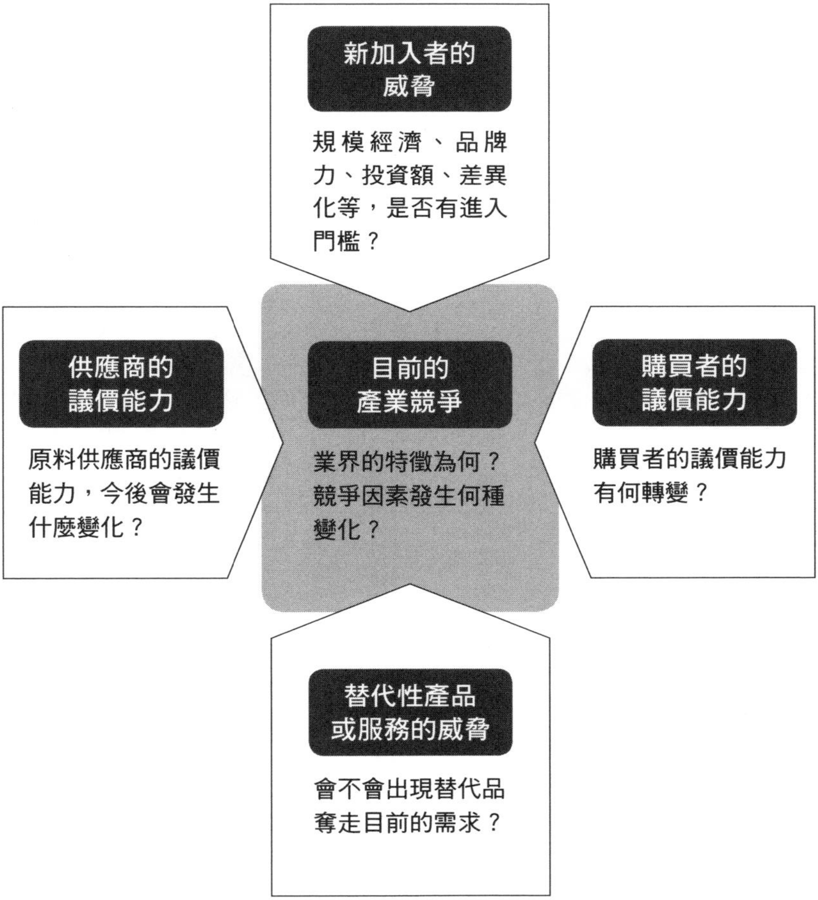

新加入者的威脅

規模經濟、品牌力、投資額、差異化等，是否有進入門檻？

供應商的議價能力

原料供應商的議價能力，今後會發生什麼變化？

目前的產業競爭

業界的特徵為何？競爭因素發生何種變化？

購買者的議價能力

購買者的議價能力有何轉變？

替代性產品或服務的威脅

會不會出現替代品奪走目前的需求？

史等因素，才使得各家業者各據山頭？多數業者都提供同樣的產品和服務？該業界的企業容易轉行或撤退？自家公司在業界的定位為何？

■②新加入者的威脅

產業的魅力會受到新加入者威脅的影響。代表性的進入門檻，包括了高額的設備投資、既有品牌太過強大、阻礙進入的法規、技術的難度、有無規模經濟等。進入的門檻越高，新加入者的威脅就越小。在這樣的環境裡，確保獲利的機率越高，產業的魅力也越大。

一般而言，法規寬鬆有助於新業者加入，導致業界競爭。因此，當金融、保險、通訊、郵政、醫療等方面的法規放寬時，會對既有業者產生巨大的威脅，然而，法規寬鬆通常對消費者而言是利多。

■③替代性產品或服務的威脅

有沒有其他替代品會威脅到自家產品和服務的需求？這也是產業分析的重要因素。例如，在音樂業界，當CD成為主流之後，唱片的需求便逐漸消失。或許，等到硬碟播放器成為主流之後，CD也會被束之高閣。個人電腦進入市場之後，打字機就遭到淘汰了。行動電話普及之後，傳呼機（B.B. Call）就消失了，固定式電話（例如家用電話）的需求也減少了。

再舉一些例子，不需要底片的相機（數位相機）、不需要洗衣劑的洗衣機、不需要汽油的汽車等，在現今這個時代中，有可能替代品尚未出現、但需求已經被逐漸蠶食。所以，必須時時關注技術革新的發展。

■④供應商的議價能力

只有少數幾家賣方控制了重要零組件，買方業界的立場就變得比較弱勢。相反的，假如有為數眾多的賣家可以讓買方買到必要的零組件，情況便會改善一些。舉例來說，英特爾（Intel）生產有「電腦心臟」之稱的CPU，擁有極高的市占率；

以小型馬達深獲好評的萬寶至（Mabuchi）；以腳踏車變速器的製造技術稱霸一方的禧瑪諾（Shimano），以及製造光碟機馬達的日本電產等，對於需要購買上述產品的買家而言，這些企業都有可能成為威脅。

■⑤購買者的議價能力

「最近，通路的力量越來越強大了。」這是某大化妝品公司所做的評論。近年來，流通和零售業者的流通網絡，例如松本清、永旺（AEON）、伊藤洋華堂等，對廠商的交涉力越來越高。

對於業者而言，如果過於依賴特定的買方，該買方的威脅便越來越大，因為只要不合買方的意，就等於被宣判出局。相反的，由於大型鋼鐵廠商或是汽車廠自身的銷售能力提高，因次對綜合商社的依存度便出現下降的趨勢。

與其他的ＭＥＣＥ分析工具一樣，五力分析不只能在某個特定的時間點掌握業界的特徵，還關注各個要素在力學上的變化，並且以此來預測「未來」可能產生的競爭狀況。換句話說，五力分析的架構能夠廣泛應用在發現問題、設定課題以及制訂解決方案等方面。

思考組織策略的「7S」

要解決組織上的問題，最有用的架構非麥肯錫所制訂的「7S」分析莫屬。這項工具將組織還原成七個以S開頭的MECE要素（見下頁圖表13-3）。其中，①到②是比較容易透過文字、圖表來表達的「硬體的S」；而④到⑦則是帶有強烈「內隱知識」（tacit Knowledge）要素的「軟體的S」。

■①經營策略（Strategy）

這是公司必定追求的一種策略。最理想的情況是，為了貫徹實行某項策略，而去設計最適合的組織。但是，現實的狀況大多是遷就既有的組織，再去制訂合適的

圖表13–3 組織分析的7S

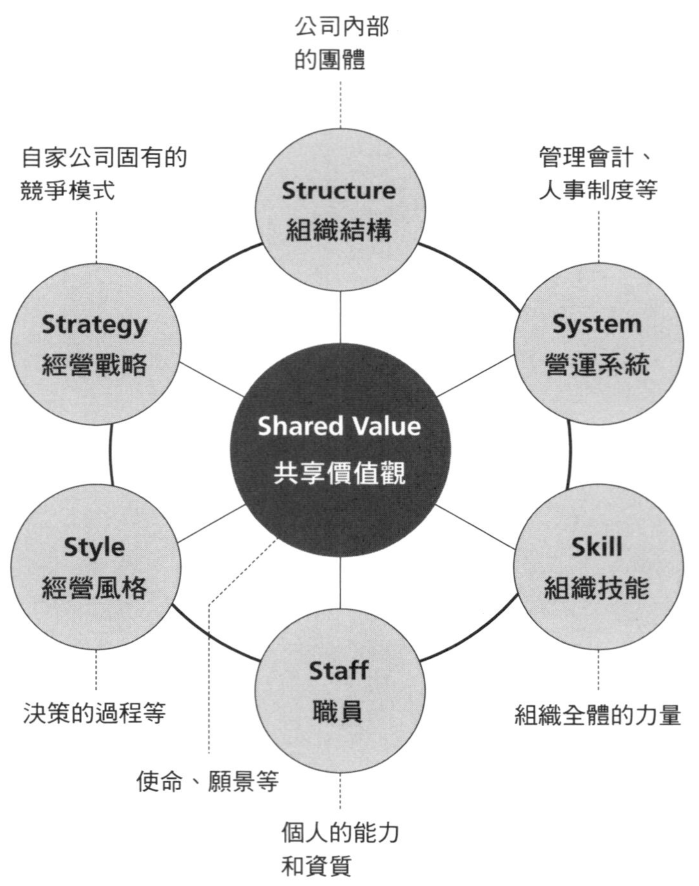

戰略。

②組織結構（Structure）

可用組織圖來表現的組織結構。以人體做譬喻，這就是一種骨架。提到組織時，人們經常會聯想到組織圖上的「結構」。當然，組織的結構非常重要，但是分析組織時光分析結構，並不符合MECE原則。

③營運系統（System）

以人體做譬喻，這就是神經，內容包括資訊傳達系統、評價系統、決策過程等。營運系統的任務是，支援經營策略和組織結構，並且進行組織管理。

④經營風格（Style）

經營風格深植於企業文化當中，是由下而上或由上而下，經過歷史薰陶所培育出來的。經營風格是尚未明文化、不言自明的行動基準，擁有行動特性的集合體。

這個要素非常難以改變。

■⑤職員（Staff）

指組織裡成員個人的能力、技術、知識、資質等。如何將這些屬於個人的技術和知識，在組織內部共享，為知識管理的核心課題。

■⑥組織技能（Skill）

指組織的知識、技能、技術。屬於組織的核心競爭力，也就是超越個人技能的組織能力。

■⑦共享價值觀（Shared Value）

指組織內部共享的價值觀、使命感等，多半是尚未明文化的企業理念。在大多數的情況裡，通常藉此表達組織存在的理由，或者該提供顧客什麼樣的便利性等。

透過這些項目對組織進行剖析，可以有效率的篩選出組織裡的問題。也可以用來分析其他公司組織，然後再與自家公司做比較。換句話說，能夠進行組織的標竿學習。

如果依據七個S來制訂具體的行動計畫，可以描繪出整體的組織策略，並當作解決方案。當然，這七個項目的行動計畫必須保持一貫性和整合性，尤其要注意到第四項到第七項的「軟體的S」。希望組織能夠充滿活力、日益強大，就要在軟體的S上下足工夫。

擬訂行銷策略的「4P」

企業在解決問題時，經常提出關於行銷方面的課題。而進行行銷分析時，最重要的架構是「4P」。4P將行銷策略分為產品（Product）、價格（Pricing）、推廣（Promotion）、通路（Place），是代表性的MECE架構（見下頁圖表13-4）。

圖表13–4 行銷4P

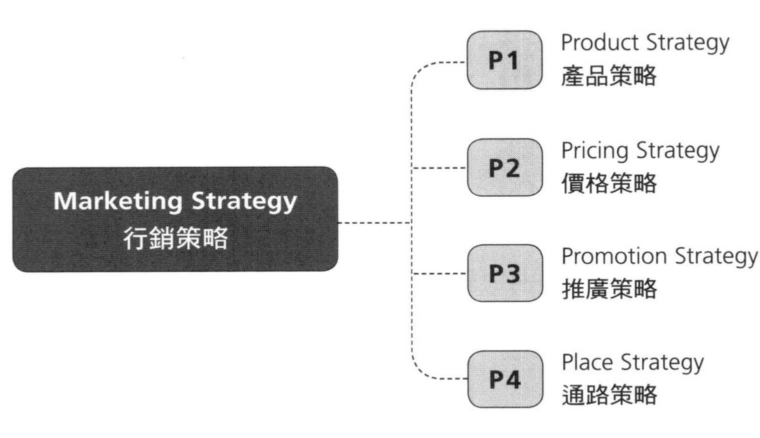

按照這四個以P為開頭的項目來擬訂策略，就能在行銷的課題上達到不遺漏、不重複的效果。

如果將這四個要素組合運用，便能夠創造出極佳的行銷成效。另外，這些要素又稱為「行銷組合」（Marketing Mix）。

■ ①產品策略

所謂產品策略，就是公司應該販售何種產品或服務給顧客，這是行銷的原點。產品不可能滿足所有人的需求，因此困難之處在於鎖定商品。尤其是，公司製造的產品或服務提供了何種價值給顧客？

換句話說，從顧客價值（Customer Value）的觀點來看自家的產品和服務，是至關重要的事。

■②價格策略

價格策略的目的是設定符合產品價值的價格。設定價格與設定電費不同，不是將製造成本加上利潤即可。

要設定出適當的價格，就必須與競爭的產品或服務取得平衡，並且知道行情。特定顧客的重要性也是影響定價的主要因素之一。設定價格必須從購買者的觀點來思考，因為產品到底是貴還是便宜，最終是由消費者來決定。

■③推廣策略

即使產品或服務非常符合顧客需求，而且設定一個符合價值的價格，但如果消費者不知道相關訊息，東西還是賣不出去。將商品的價值順利的傳達給使用者的策略，就稱作「推廣策略」。

讓推廣成功的關鍵是，如何在宣傳、公關、人員銷售、促銷活動等方面，既保持一貫性又能相互融合。現在，透過網路部落格的口碑傳播，也變成重要的推廣策略之一。總之，和顧客建立起交流管道非常重要。

■④通路策略

通路策略意指包含店鋪在內的物流戰略。不管產品或是服務多麼優異，能不能送達消費者手中，也是影響銷售的關鍵要素。如果讓消費者覺得「我很想要，但不知道要去哪裡買」，那就傷腦筋了。便利性至為關鍵，必須讓消費者可以輕鬆購買到產品或服務。

不管是在發現問題和設定課題的階段，或是制訂最終解決方案的階段，行銷４Ｐ的架構基本上都可以依照各個項目來加以應用。

比方說，在初期掌握狀況的階段，４Ｐ可以和前文介紹的３Ｃ合併使用，來比較自家公司和競爭對手的4P，或是從顧客的角度來分析4P。最後的解決方案是一套前後一貫的行銷策略，形式是「將A商品設定為X價格，以Y的推廣組合來宣傳，並在Z流通網絡中銷售」。

將推廣策略用MECE分解

如果要使用MECE的分析工具，更深度的分析行銷「4P」之一的推廣策略，可以採用「推廣組合」。推廣組合是將宣傳活動、公關活動、促銷活動、人員銷售這四種推廣活動，加以組合運用，來提供消費者適切的產品資訊，或是提出新的使用方式，以喚醒消費者的需求，促使他們購買（見下頁圖表13-5）。

■宣傳廣告

宣傳廣告屬於推廣活動之一，主要透過電視、收音機、報紙、雜誌等大眾媒

圖表13–5 推廣組合

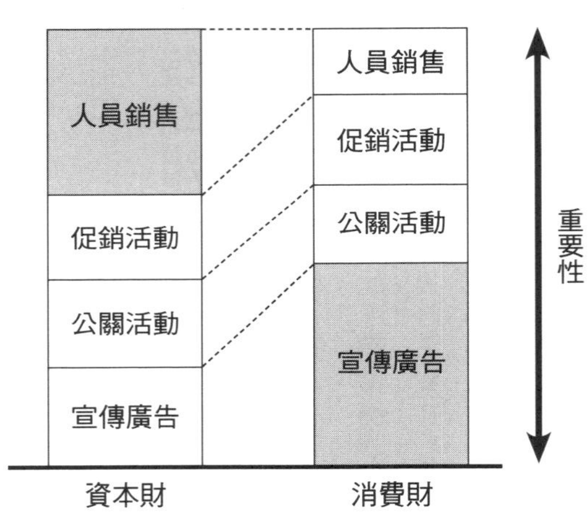

＊資本財以人員銷售的方式最有效，消費財以宣傳廣告最有效果。

體，促進消費者購買產品和服務。也就是說，廣告主購買廣告媒體，付費進行傳遞訊息的活動。很多消費者看到宣傳廣告，主動前來店裡購買，這種推廣策略稱作「拉式策略」（pull strategy）。近年來，網路廣告成為新興的媒體寵兒。

■公關活動

不同於廣告主付費傳達資訊，公關活動是利用新聞或報導，將特定的產品或是服務訊息傳達給消費者，俗稱「做公關」。

有些公關活動會與企業可能接觸的各種（公眾）團體，形成良好的關係，並致力維持下去，例如公共關係（public relation）。但是，這項活動並非為了兜售特定的產品和服務。

促銷活動

發送吸引消費者前來購物的優惠券、提供期間限定的折價以及獎品和贈品、贈送試用品、現場表演促銷等，都是促使人們在短時間內消費的推廣策略。

這個推廣活動多半在彌補廣告等非人員銷售與人員銷售的不足，一般被稱為「促銷」。但是，如果做得太過分，公平交易委員會有可能會介入調查，必須多加注意。

人員銷售

人員銷售是指銷售員與顧客面對面接觸，透過說明等交流來銷售商品。面對面交談可以提供高質量的資訊，而且銷售人員是直接促進消費者購買產品，因此相對於宣傳廣告的「拉式策略」，人員銷售被稱為「推式策略」（push strategy）。

推廣組合和行銷４Ｐ一樣，必須找出各個要素最適切的組合。藉由傳達前後一貫、統一的訊息，能形成理想的品牌形象。一般而言，資本財以人員銷售的方式比較有效，而消費財則以宣傳廣告最有效果。

如果要在推廣組合中追求ＭＥＣＥ，「口碑」是最值得推薦的宣傳活動。可是，「口碑」不但使廣告商賺不到錢，又難以掌控，因此過去很少受到重視。但是，如同剛才說明的，網路部落格所造成的口碑效應，已成為無法忽視的宣傳活動之一。這個例子說明了，符合ＭＥＣＥ的分析架構會隨著時代不斷演變下去。

第 14 章

如何分析價值鏈、消費行為、公關危機

- 顯示獲利模式的「商業系統」
- 分析消費決策流程的「AIDMA」模型
- 保全品牌名聲的「道歉啟事」架構

顯示獲利模式的「商業系統」

在以MECE概念整理事物時，很重要的一點是，要以流程的形式來掌握分解後的項目。最具代表性的流程分析架構，就是能顯示出企業機能流程的「商業系統」，也稱作價值鏈（Value Chain，見圖表14-1）。

商業系統是最簡單、最強而有力的分析工具。無論是哪一種的問題發現或是課題設定，都必須準確掌握對象的狀況和現象。要準確掌握對象，典型的程序是：先將混亂的狀況歸類成具備MECE性質的群集，然後確定群集之間的流程關係。

■商業模式不同，價值鏈就不一樣

商業系統是一種羅列出企業各項機能的架構，因此沒有固定的項目。儘管如此，一般企業多半可以將上游至下游的機能區分成各種領域。以從事製造及銷售的企業來說，流程可能是「研發→採購→製造→物流→行銷→銷售→服務」。

如果是零售業，流程可能是「商品開發→採購→物流→宣傳廣告→推銷規畫

圖表14–1 商業系統（價值鏈）

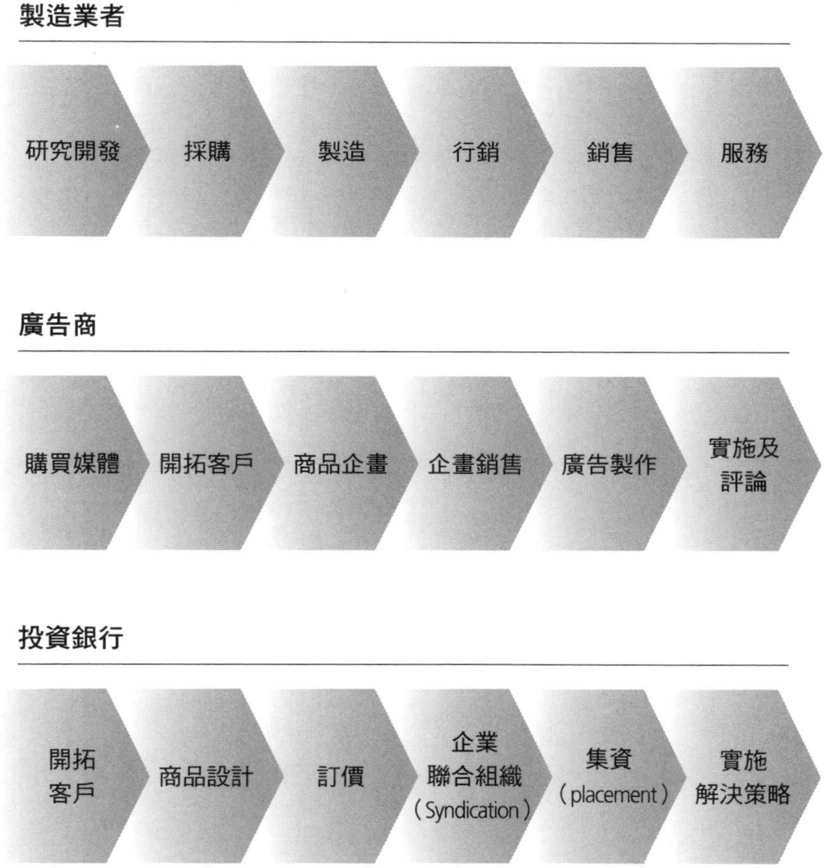

製造業者

研究開發 → 採購 → 製造 → 行銷 → 銷售 → 服務

廣告商

購買媒體 → 開拓客戶 → 商品企畫 → 企畫銷售 → 廣告製作 → 實施及評論

投資銀行

開拓客戶 → 商品設計 → 訂價 → 企業聯合組織（Syndication） → 集資（placement） → 實施解決策略

（merchandising）→銷售→服務」。

當然，商業系統不只是列舉項目而已，還能夠藉由詳細記錄每個項目的機能、特徵、重點等，追求更深度的分析。

■商業系統：價值鏈分析應用廣泛

商業系統的思考模式不只限於企業。其本質是以MECE的流程來整理事物，因此可以應用於各種主題或對象。它的思考模式是：

①假設不希望發生的不良狀態。
②確定引發不良狀態的誘因。
③擬訂預防策略，排除可能的誘因。
④預先擬妥發生不良狀態時的因應策略。

這四個步驟，正是前文提過解決防杜潛在型問題的由上而下方法。這些步驟是一種以MECE流程的觀點，整理問題內容的分析架構。因此，以MECE流程的觀點來整理事物的手法，不限於商業系統，也可以活用在各種系統分析上。

■商業系統分析，用價值鏈知己知彼

假如要發現自家公司的問題，可以將競爭對手作為縱軸，將商業系統中每個項目作為橫軸來做比較。也可以先描繪出理想的商業系統之後，再與自家公司的狀況進行比較。或者，如果在橫軸放上商業系統，在縱軸擺上日本、美國、歐洲等地區，就能夠分析公司全球化的程度。

當思考外部資源時，商業系統可以當作如何選擇的示意圖，思考其中哪些機能可以繼續保留、哪些應該放棄。如果考慮與其他公司合併，商業系統也可以用來分析，應該與對方分享哪些機能，或是能產生什麼樣的相乘效果。

在制訂解決方案時，商業系統的項目對於擬訂改善策略有幫助。有時候，改變商業系統的項目本身就是一種改善策略。

商業系統和其他的分析工具一樣，可以更有彈性的加以運用，成為解決問題時強而有力的幫手。

分析消費決策流程的「ＡＩＤＭＡ」模型

現在，向各位介紹一套工具「ＡＩＤＭＡ」，如果將它與前面提過的「推廣組合」一起應用，效果更佳。「ＡＩＤＭＡ」這套工具，以ＭＥＣＥ的架構，顯示出顧客從知道產品的存在到進行消費的整個流程：注意（Attention）→興趣、關心（Interest）→欲望（Desire）→記憶／動機（Memory / Motivate）→行動（Action）。ＡＩＤＭＡ是這整個流程的縮寫，取自五個英文單字的字首（見圖表14-2）。

使用這套分析工具，可以從消費的流程中，具體檢討消費者所呈現的心理狀態與消費行動之間的連結。

Ａ：注意——吸引消費者注意，傳遞產品和服務的訊息。

圖表14-2 AIDMA法則

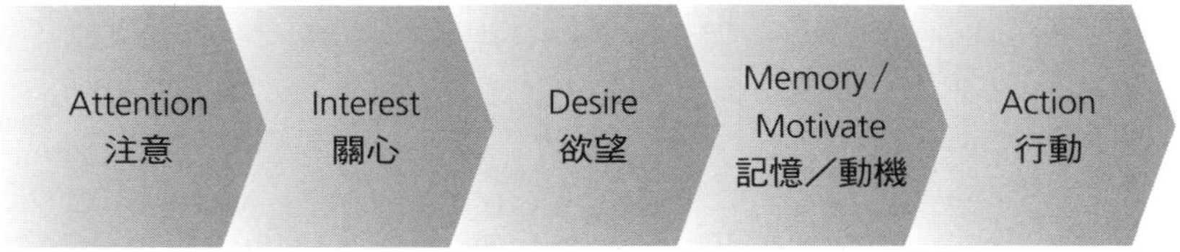

Attention 注意 → Interest 關心 → Desire 欲望 → Memory / Motivate 記憶／動機 → Action 行動

I：興趣、關心——在消費者知道訊息之後，進而讓他們對產品和服務產生興趣和關心。

D：欲望——讓消費者燃起想使用產品和服務的欲望。

M：記憶／動機——讓消費者記住產品和服務，進而想要購買該產品。

A：行動——實際行動，購買產品和服務。

「推廣組合」與AIDMA有哪些關連？舉例來說，在AIDMA初期需要吸引消費者注意力的階段，運用宣傳廣告的效果非常好。或者，當消費者快要採取購買行動時，加入人員銷售，可以增強效果（見圖表14-3）。

事實上，「ＡＩＤＭＡ」、「行銷４Ｐ」、「推廣組合」被譽為三種最具代表性的行銷分析工具。

現在，出現一種新的網路版ＡＩＤＭＡ，就是「ＡＩＳＡＳ模型」（Attention→Interest→Search→Action→Share）。其流程是：在吸引注意、引起興趣之後，加上網路搜尋（Search），然後行動（Action）。之後，在部落格等處分享（Share）資訊。

還有一種以ＡＩＳＡＳ為原型，將過程分得更細緻的ＡＩＳＣＥＡＳ。它在ＡＩＳ之後，加上比較（Comparison）、檢討（Examination），最後再以行動（Ａ）和分享（Ｓ）作結。這兩種網路版本，都是設想在網路中進行ＡＩＤＭＡ中的「行動」部分。

圖表14-3　推廣組合與AIDMA

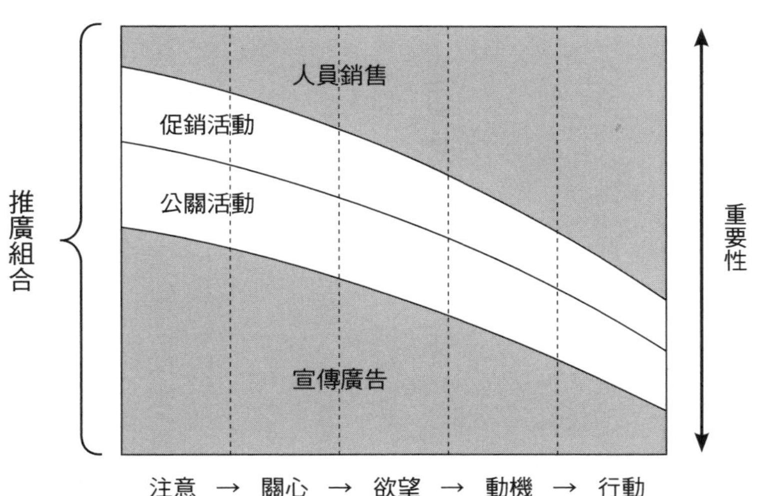

*資料來源：改編自科特勒（Philip Kotler）所著《行銷管理》（*Marketing Management*）。

保全品牌名聲的「道歉啟事」架構

對企業而言，品牌是非常珍貴的資產。現今，產品和服務立刻會被模仿，而品牌是唯一可以持續保持差異化的要素。品牌的培養需要經年累月，卻有可能瞬間失去。在前文提到管理危機的內容中，可以看到近幾年企業頻頻發生弊端、違法、事故，對品牌造成極大的衝擊。

如果真的碰到了傷害品牌形象的事故時，該怎麼辦？除了因應問題之外，最重要的是，要確實對外傳遞你的處理方式，才能使品牌的受損程度減到最低。

接下來，我會透過每個步驟的流程，呈現MECE的項目，來介紹「道歉啟事」的架構（見圖表14-4）。

這項架構是由博雅公關（Burson-Marsteller）所制訂，該公司是資訊顧問業界中的龍頭，在危機管理的公關活動領域中備受推崇。各位可以將下列項目，當作寫公開道歉信時每個段落的主題。

圖表14-4 道歉啟事

道歉 → 說明現狀 → 分析原因 → 說明因應策略 → 提出防止復發策略 → 表明責任

道歉

「道歉啟事」的主旨就是在道歉。為了確實傳達這個主旨，最好在第一時間內道歉。然而，如果表達得太過籠統，會讓人覺得不知道為何道歉，所以在這個階段一定要概略提及發生了什麼事。但是，別忘記這個項目的主旨是道歉。

說明現狀

接著，詳細說明弊端、事件、事故等發生的內容。道歉啟事的目的是尋求原諒。一般而言，要獲得原諒，很重要的是，要表明知道自己犯下的「罪行」有多麼嚴重。說明現狀其實就相當於「懺悔」。

■分析原因

接受訊息的對象理所當然會想知道，事情為何會發展到這個地步，因此必須在這個階段說明具體的原因。

在這個階段，具體呈現非常重要。當然，在其他階段也是一樣，如果敘述得過於籠統，會給人隱匿內情的負面印象。

■說明因應策略

接著，說明如何因應問題。這裡的說明多半是短期的應急對策。過程中，如果需要道歉對象的協助，要在說明完因應方法之後再提出。

■提出防止復發策略

對方即使接受了因應對策的說明，心中仍有不安：「以後還會不會發生同樣的事。」因此，提出避免再度發生的根治對策至為關鍵。這時候，前面的「分析原因」的步驟就顯得很重要。關於這個部分，請參考第二章中「解決恢復原狀型問題」的說明。

表明責任

表明自己充分認知到罪行的嚴重性之後再道歉，是尋求原諒的必要條件，但不是充分條件。為了獲得原諒，必須根據罪行的嚴重性，接受相同程度的「處罰」，像是引咎辭職、解雇負責人、發送禮券、停止營業等。最好讓對方感受到「居然做到這個地步」，效果最佳。

這個「道歉啟事」的架構，可用於人生罕見、晴天霹靂的重大事件，也可用於日常生活的不良狀態，是應用範圍相當廣泛的工具。

當然，最好是不必用到這個架構。平常就要盡量防範弊端、事件、事故的發生。希望大家不致於要「趕緊用這套準則來寫悔過書」。

第15章

矩陣分析：從個人職涯到公司成長

- 分析事業組合的「PPM矩陣」
- 用「產品・市場矩陣」思考成長策略
- 檢討企業併購的「企業價值創造矩陣」
- 協助職涯規畫的「職涯矩陣」

分析事業組合的「ＰＰＭ矩陣」

產品組合管理（product portfolio management，簡稱ＰＰＭ）是企業用來檢討是否培育、維持、驗收某項事業，以及是否從某項事業撤退的分析工具。換句話說，是用於找出最佳事業組合（portfolio）的架構。

眾所周知的ＰＰＭ矩陣版本，是由波士頓顧問集團（Boston Consulting Group，簡稱ＢＣＧ）開發出來的。首先，在橫軸擺上自家公司的相對市占率（相較於最大競爭對手，自家公司在市占率上所占的比例）（按：「相對市占率」是指以公司的市占率除以同業最高的市占率所獲得的數字），在縱軸放上市場成長率（中長期的預測值）。

接著，分別在兩軸畫上區分高低的垂直線，將全體區分成四個象限，成為一張矩陣圖（見圖表15-1）。最後，將事業放在四個象限中進行以下的評價。

◎**問題兒童**（Problem Child或是Question Mark）：某事業的相對市占率低，

圖表15–1 PPM矩陣

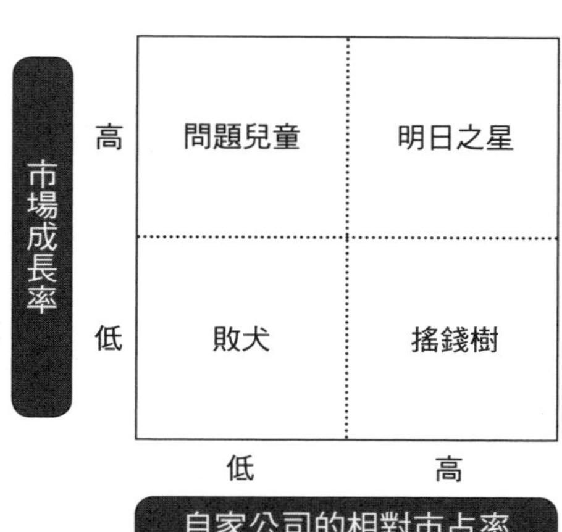

不過市場成長率高。換句話說，雖然目前是赤字，但將來很有希望。

◎**明日之星**（Star）：相對市占率高，而且市場成長率也高的事業。雖然獲利高，但必須注入大量投資。

◎**搖錢樹**（Cash Cow）：相對市占率高，但市場成長率低的事業。不必追加大量投資，就能獲利的搖錢樹。

◎**敗犬**（Dog）：相對市占率和市場成長率都低的事業，沒有什麼未來性。

按照以上的評價，所採取的基本策略應該是**先從搖錢樹攢出現金流量**，因為這一類的事業不太需要追加投資。接著，**將現金分配給明日之星和問題兒童**，培育這兩者成為搖錢樹，同時結束掉敗犬。

另外，還有一個知名的ＰＰＭ矩陣版本，則是由麥肯錫顧問公司和奇異公司所共同開發的。ＢＣＧ的版本是在橫軸放上相對市占率，在縱軸放上用數值表示的市場成長性，構成四個象限的矩陣。而麥肯錫／奇異的版本則是在橫軸放上自家公司的競爭強項，在縱軸放上市場魅力度的評價，構成九個象限的矩陣。

這兩種依據ＭＥＣＥ原則進行分類的矩陣，都是**將兩種互不影響的獨立變數做為主軸**，思考如何同時處理複數的事業。在矩陣上繪製出各個事業之後，就能根據每個象限來確認策略的方向。在一張矩陣圖中，就能同時確認各個事業分別處於哪個階段，非常方便。

用「產品・市場矩陣」思考成長策略

企業在思考成長策略的同時，可運用「產品・市場矩陣」（Product-Market Matrix，又稱作「成長矩陣」〔Growth Matrix〕）這個簡單易懂的分析工具。，無論是用來找出策略的問題點或是制訂解決策略，都非常好用。

矩陣的縱軸為市場、橫軸為產品，都是互相獨立的變數。接著，將兩軸區分成既有與新製。這些分類法都符合ＭＥＣＥ。藉由簡單的四個象限，就可以明確顯示出成長策略的輪廓。

◎**市場滲透策略**：以既有產品進攻舊市場。

◎**市場開發策略**：以既有產品進攻新市場。

◎**產品開發策略**：對於目前的市場投入新產品。

◎**多角化戰略**：對於新市場投入新產品。

先追求市場滲透策略

以既有產品深耕既有市場的「市場滲透策略」，是成長策略的根本。即使賺了一些錢，切記不要草率進行多角化經營。第一步應該先滲透市場，然而滲透的過程中，不可避免的會出現效用遞減法則。也就是說，花費同樣的努力，但所得到回報卻會越來越少。

尋求市場開發與產品開發策略

下一步要思考的是，以既有產品開拓新市場的「市場開發策略」。代表性的作法是擴大銷售的地域，例如原來只集中在大都會地區販賣的產品，開始擴張到全國各地。在思考這個策略的同時，還可以考慮將新產品投入既有市場，也就是「產品開發策略」（見圖表15-2）。

對於既有的銷售通路或顧客而言，這項成長策略使得可選擇的產品品項增加了。舉例來說，樂清（Duskin）出租及販賣空氣清淨機和淨水器；便利商店代收乾

圖表15–2　產品・市場矩陣

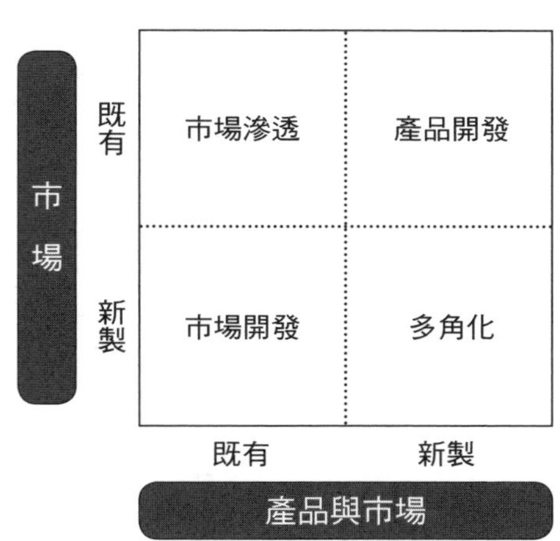

洗業務；網路書店亞馬遜並非只賣書，還販賣CD、DVD及電器產品。

■多角化經營要注意和既存事業的關連性

最後一步，是將新產品投入新市場的多角化成長策略。對於企業而言，這是未知的領域，因此風險也會增加。在現實生活中，多角化經營失敗的例子不勝枚舉。

舉例來說，鋼鐵公司跨足生技產業或經營主題樂園、佳麗寶開始銷售「民生用品」，以及ASCII（按：日本一間電腦相關雜誌書籍出版社）的併購案等。當然，也有像奇異公司一樣，經營與本業毫無關連的多角化事業，卻大獲成功的案例。

檢討企業併購的「企業價值創造矩陣」

對於企業而言，企業的併購（包括敵對性的買收）是一種很重要的經營策略。接下來，我將介紹麥肯錫顧問公司所擬訂的「企業價值創造矩陣」（natural ownership matrix，見圖表15-3），這個工具可以幫助各位在併購企業時，做出最佳決定。

這個矩陣的縱軸是「創造價值的可能性」，橫軸是「提供價值的可能性」。縱軸的創造價值的可能性，將併購方從被併購的標的企業中所創造出的可能價值，分為高、中、低三個階段。

圖表15-3 企業價值創造矩陣

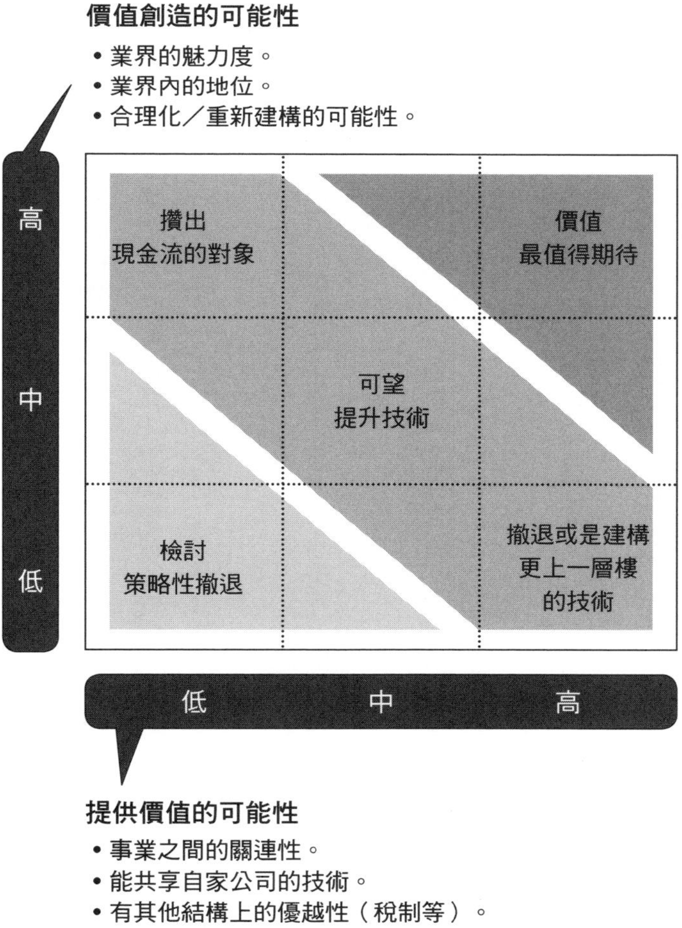

價值創造的可能性

- 業界的魅力度。
- 業界內的地位。
- 合理化／重新建構的可能性。

價值創造的可能性＼提供價值的可能性	低	中	高
高	攢出現金流的對象		價值最值得期待
中		可望提升技術	
低	檢討策略性撤退		撤退或是建構更上一層樓的技術

提供價值的可能性

- 事業之間的關連性。
- 能共享自家公司的技術。
- 有其他結構上的優越性（稅制等）。

因此，必須先判斷業界的魅力、標的在業界的地位、標的獨自存在的合理性，以及重新建構的可能性，也就是評價標的企業單獨存在的價值。

橫軸的提供價值的可能性，用於併購方在將標的企業納入時，由左到右，以低、中、高，來評價標的企業能提供多少附加價值給併購方。例如，併購方與標的企業之間事業的關連性、能否共享技術、稅制上的優惠等，可以藉此思考併購之後的相乘效果。

矩陣右上方是最值得被併購的企業，它既有單獨存在的魅力，而且與併購方的相容性又高。但是，併購方要付出的代價通常也最高。最不值得被收購的企業在左下方，它既沒有單獨存在的魅力，而且與買方的相容性又差。另外，併購方如果有足夠的自信，就可以用便宜的價格來併購右下方的企業，然後努力讓它成為右上方的企業。這種救濟型的併購被稱為「重整改造」（turn-around）。

這個矩陣不僅能用來評價併購的案件，也能用來評價既存事業、子公司、關連公司。這時候，左下方的事業成為撤退的後補選項，而右上方的事業則最能產生價值。請注意，矩陣上的評價都是針對既存的事業。

協助職涯規畫的「職涯矩陣」

對商務人士而言，職涯設計是非常重要的課題。「職涯矩陣」能協助各位進行職涯規畫，是由GLOBIS商學院創辦人堀義人，在《邁向成功的職涯規畫》一書中所提出。該商學院專門提供在職進修的課程。「職涯矩陣」的縱軸為業種，橫軸為機能，兩軸的度量都是同一與相異（見下頁圖表15-4）。

左下方的同業種和同機能類型，因為是透過跳槽來豐富自己的職涯，所以又稱作「職涯豐富型」。如果不想換工作，則是「公司專注型」，該類型的職涯規畫可著重在成為公司內部的專業人員。

假如職涯規畫是左上方的異業種同機能，則是「機能專攻型」，這個類型的規畫是藉由跳槽到異業種的公司來提升經歷。舉例來說，如果想在財務領域上更為專精，那麼在職涯規畫中，最好逐步累積在流通業、製造業、服務業的經驗，成為跨業界的專業人才。

圖表15–4 職涯矩陣

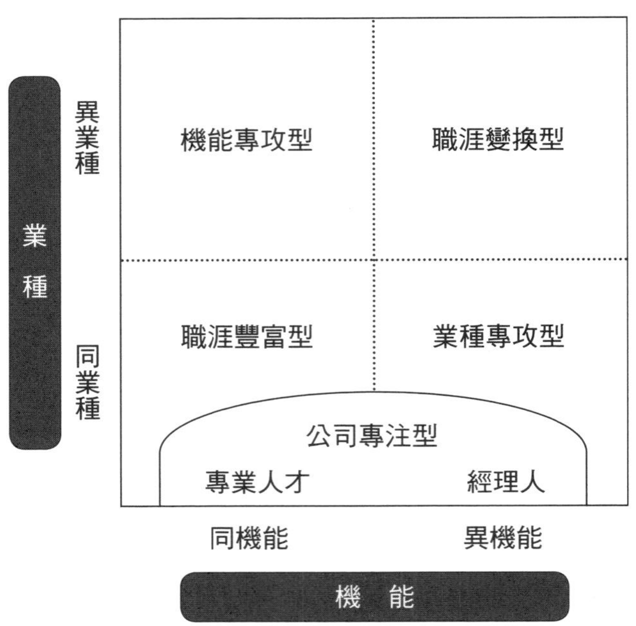

＊資料來源：堀義人，《邁向成功的職涯設計》（日本經濟新聞社出版）。

右下方的同業種異機能型，屬於「業種專攻型」，這種職涯規畫是專精於某個業界，並在該業界中經歷多種職務，可說是特定業種的專精人才。如果採取這條規畫又只待在同一家公司，就可以朝公司專注型中的總經理型邁進。

最後是右上方的異業種和異機能型，也就是「職涯變換型」。其實，我個人的案例曾在堀義人的著作中登場。結果，我屬於職涯變換型，也就是「不專注在任何特定的業界或機能，所累積的職歷五花八門」。這種類型的風險很高，不建議大家採用。

但是，現今這個時代，不只講求專業能力，更重視綜合能力。假設目前需要的不是限定於某個專業領域，而是能夠進行全面思考的人才，那麼職涯變換型也是值得注目的升遷捷徑。

第 16 章

解決問題的
心理素質

- 三種想法，會害你無法「平常心」
- 「死腦筋思考」的問題點
- 用「期望思考」找回正面心態

三種想法，會害你無法「平常心」

■問題發生時，人常犯三種錯

雖然學會解決問題的技巧很重要，但更重要的是問題解決者的心態，面臨的問題越大，就必須越冷靜。問題解決者再怎麼精通解決問題的手法，或是擁有相關領域的專業知識，如果承受不了心理上的壓力，亂了方寸、驚慌失措，就無法適切的因應狀況。

問題解決者必須具備優異的壓力管理能力，即使被逼到進退維谷，依然能夠保持冷靜，發揮實力。

人在面臨危機時，特別容易失去平常心。危機有許多種，以企業來說，例如工廠發生爆炸事故、食品混入有毒物質等。以個人來說，例如親人發生重大交通意外、家裡失火、公司倒閉、親人違法犯罪等。

即使不是上述這些非常事態，人還是有可能陷入恐慌。對於上班族而言，很多問題都會造成心理上的重擔，例如被公司要求達到非常高的業務目標、必須制訂策

圖表16–1　容易陷入的三種心理陷阱

1. 否定狀況

2. 在錯誤的時機追究責任

3. 對狀況產生非現實性的評價

略決定公司未來的方向，或是要談一筆關係公司存亡的生意等。

壓力管理能力考驗著心理素質，也就是在面臨重大問題狀況時，如何保持平常心。如果**失去平常心，經常會犯下三種錯誤：否定狀況、在錯誤的時機追究責任、對狀況產生非現實性的評價**。因此，唯有保持冷靜，才有可能發揮最大的能力，進而解決問題。接下來，讓我們先認識這三種常犯的錯誤（見圖表16-1）。

■掉入「否定狀況」的陷阱

面臨重大問題時，失去平常心就容易陷入「否定狀況」的心態，例如**絕對不可能發生這麼嚴重的問題、不可能有這種事，不願意**接受發生的事實，以至於完全聽不進任何意見。

曾經有一家大型食品公司，發生了將國外產的牛肉偽裝成國產牛肉的弊端。但是，該公司持續否定這個事實，甚至表示：「依據本公司的品質管理和庫存管理系統來看，這是不可能發生的。」這就是「否定狀況」的心理因素在作祟。

相反的，有些公司則是在問題發生後、但尚未確認事實之前，便草率的在第一時間認錯。

有個案例是，某家大型航空公司的客機發生事件，該公司以為責任在己，於是社長在第一時間就立即召開記者會道歉，但事後證明，責任在飛航管制員。

■否定狀況，只會導致延誤解決時機

不過，在第一時間認錯的例子還是比較少，否認的例子比較多。否認發生問題，必然會拖延因應的時間。一旦延遲了因應的時間，只會增加傷害的程度。

另外，在尚未發生不良狀態的防杜潛在型問題中，也一樣會發生這樣的問題。當事者認為：「不可能會發生這種事」，或是產生逃避的心態：「要是發生這種事，將成為無法承受的悲劇，因此我不願去想。」但是，這些都是有可能會發生的不良狀態。

「假設不希望發生的不良狀態」，是解決防杜潛在型問題的步驟①。如果疏忽第一步驟，那麼步驟②「確定引發不良狀態的誘因」、步驟③「擬訂預防策略，排除可能的誘因」、步驟④「預先擬妥發生不良狀態時的因應策略」，就更不用談了。換句話說，**只要否定可能發生的不良狀態，就不可能解決防杜潛在型問題**。

■在錯誤的時機追究責任

在特別嚴重的恢復原狀型問題中，當事者在認知狀況之後，容易產生追究責任的心態，焦急的問：「這是誰的錯？」雖然當事者曉得不良狀態已經發生，而且狀況嚴重，但是卻急著要追究責任。當然，從「防止復發」的觀點來看，既然發生重大過失，追究責任並要求付出符合過失的代價確實非常重要，因為追究責任也是一個重要的課題。

但是，**問題剛剛發生，就只顧著大發脾氣、責難、攻擊別人：「到底是誰犯下這麼嚴重的錯誤」、「都是那傢伙的錯」、「都是公司的錯」，根本無法解決問題。**同樣的，假設自己也需要為事情負責時，很可能會陷入強烈的罪惡感，灰心喪氣自責：「為什麼我那麼差勁。」但是，這同樣會延誤因應的時機，甚至乾脆放棄去解決問題。

責任追究是很重要的課題，但是在問題剛發生時，像無頭蒼蠅般追究責任，只會成為解決問題的巨大障礙。在急須停損的狀況下，忙於追究責任和互相指責，只會讓事態更加惡化。不考慮狀況而只顧著究責，將會拖延擬訂因應策略的時間。之所以會像這樣陷入否定狀況的陷阱，追根究柢，還是因為欠缺平常心的結果。

■做非現實的評價

面對狀況發生時，還有一種心理很常見：「**我不能接受**這種狀況」、「世界末日了」、「這是最慘的悲劇」，也就是對狀況產生非現實的評價。既然平常認為它最不可能發生，然而一旦發生了，很容易將事態視為「最難以承受的悲劇」，這種反應非常符合邏輯。

將事態解釋為「難以承受的悲劇」，確實很有可能會脫離平常心，並且會因為恐懼而想逃離狀況或是變得消極，認為「一切都完了」，甚至提不起勁來改善狀況。無論是哪一種情況，如果將問題擱置不管，傷害一定會擴大。問題發生後伴隨而來的心理重荷，容易讓我們失去平常心，並成為解決問題過程中的巨大阻礙。

「死腦筋思考」的問題點

■驚慌失措是「死腦筋思考」所造成

為什麼人面臨重大問題時，常會失去平常心，陷入恐慌？

首先，最根本的理由是「死腦筋」，認為「這種問題絕不可能發生」。「死腦筋思考」正是打亂問題解決者心理狀況的元凶。雖然當事者多半不會意識到這一點，但是我們失去平常心時，幾乎都是「死腦筋思考」在作祟。它是解決問題過程中的巨大阻礙，同時也扭曲了思考。

在固執的死腦筋思考下，如果不可能發生的問題成為現實，該怎麼辦？這時候，死腦筋思考將會形成無法轉圜的巨大矛盾，進而引起心理的重壓、極端的困惑及內心的糾葛。絕不可能發生的狀況成為現實，會讓人失去平常心，而且很多時候還會引起恐慌，造成思考停滯。

■「死腦筋思考」是心理壓力的根源

對於前述三種容易讓人失去平常心的陷阱：否定狀況、在錯誤的時機追究責任、對狀況產生非現實性的評價，探究其原因可以發現，雖然大多數的時候本人並未意識到，但其實是「這個問題絕不會發生」這種不好的思考在作祟。

如果以車子來譬喻，「絕對不可能發生的事發生了」就是同時踩油門和煞車，心理壓力非常大。這可以視為「最嚴重的悲劇」，並且是最令人無法忍受的狀況。

同時，還會產生另一種動機，就是想將「這最嚴重、難以忍受的悲劇」的責任歸咎於某人。

因此，這個不可能發生的事態，會引起當事者巨大的憤怒、沮喪、罪惡感等負面情緒。這些負面情緒會讓人產生攻擊性、自我封閉、自我否定等行為，使得事態更加惡化。總而言之，每一種狀況都是解決問題的巨大障礙。

■「死腦筋思考」是一種偏執

乍看之下，死腦筋思考以絕不退讓的態度來要求自己和別人，是一種堅強意志的展現。但是，這種絕不退讓的心態隱含著嚴重的邏輯跳躍。每個人都希望沒有問題，可以找出很多正面跡象，顯示問題不會發生。但相對的，其實也可以找很多負面跡象，顯示問題會發生。

不管顯示問題不會發生的正面跡象，或是問題可能發生的負面跡象有多少，大家最希望的還是問題不要發生。

即使正面跡象與負面跡象都不斷累積，也只會讓不希望問題發生的心情越來越急切。因此，「問題不會發生」的想法，在邏輯上會產生很大的跳躍。換句話說，「問題不會發生」的心態只不過是沒有任何論據的偏執。

其實，無論再怎麼堅持「問題不會發生」，在現實上，問題還是可能會發生。因此，就經驗來看，沒有任何理由能保證問題不會發生。即使強烈不希望問題發生的理由有成千上萬，但都不構成絕不會發生的理由。

我的意思並非「問題發生也無妨」，沒有人喜歡發生問題，我只是指出堅持「問題絕不會發生」的想法是不合理的。

■「管它的」，看太開也不好

為了逃避死腦筋思考所產生的重大壓力，輕率的想：「解決問題不過是單純的遊戲，隨便做做就好了，結果還不是得靠運氣。」這樣真的可以嗎？

很遺憾的，這種思考缺乏遠見。這是相對於死腦筋思考的另一個極端。雖說失去平常心是因為看不開，但是「管它的」這種心態，也就是看得太開的想法，同樣缺乏說服力、不講理。

而且，如果認為這個問題無所謂，自然不會認真去處理。問題解決者不應該抱持這種態度，對於解決問題所做的努力和準備一旦鬆懈下來，即使心理上的壓力可以立刻獲得解放，但最後一定是徒勞無功。

用「期望思考」找回正面心態

■摒棄死腦筋，心裡有「期望」

那麼，該怎麼做才能在發生問題時保持平常心呢？從結論來講，努力用「期望思考」取代「死腦筋思考」和「管它的思考」，效果會很好。具體來說，如果是**恢復原狀型問題**，便在心裡想：「我原本就不希望這種事情發生。」假設是**防杜潛在型問題**，則心想：「我真不希望發生這種問題」，這兩種都是期望性的思考。

前文提到，問題解決者如果堅決的抱持「這個問題絕不會發生」的態度，那麼當問題發生時，會認為事態已發展到難以令人忍受的地步，並且被逼入強烈的絕望和不安當中。到了這個地步，就很難要求他可以冷靜的解決問題。人在巨大的壓力之下，很難把工作做好，即使再怎麼努力，也會因為壓力的關係，思考變得僵硬，情緒變得不穩定，行動也容易急躁，於是解決問題的效率必然會降低。這就是為什要摒棄死腦筋思考，把精神放在「期望思考」的理由。

■「期望思考」提高解決問題的效率

如果在面臨重大的恢復原狀型問題時，心想「我原本就不希望這種事情發生」，那麼即使不希望發生的問題化成事實，也不會像認定「問題絕不可能發生」的心態，產生無法接受的矛盾，於是不會把眼前的狀況當成「不可能發生的、最嚴重的悲劇」。

其原因在於，雖然狀況不如預期，但之前已設想過它可能會發生，現在只不過是變成現實罷了。由於這樣的想法不會引起認知上的混亂，因此可以冷靜的處理重要課題，像是擬訂緊急處置、根本處置、分析原因及防止復發策略等。

關於防杜潛在型問題也是一樣，如果抱持著「我真不希望發生這種問題」的想法，就不會陷入「這是不可能發生的事」或是「發生這種事太悲慘了，我不願去想」的困境。

與面對恢復原狀型問題時一樣，問題解決者若是認知到，不希望發生的事情有可能會發生，就能夠提高冷靜分析的機率。換句話說，他能夠踏入防杜潛在型問題的步驟①。接下來，步驟②「確定引發不良狀態的誘因」、步驟③「擬訂預防策略，排除可能的誘因」、步驟④「預先擬妥發生不良狀態時的因應策略」，也能順利進行下去。

■預先模擬「良好思考」

接下來，我以恢復原狀型問題為藍本，來介紹如何形塑「良好思考」的雛型。問題解決者如果平常能運用以下的思考方式來訓練，就有可能做好壓力管理。良好思考必須建構在幾個層面上，例如肯定相對性願望的價值、否定絕不退讓的態度、承認願望未達成、評價現實狀況並行動等。

以下介紹一個運用良好思考來面對恢復原狀型問題的例子（見下頁圖表16-2）。

圖表16–2 良好思考的四要素

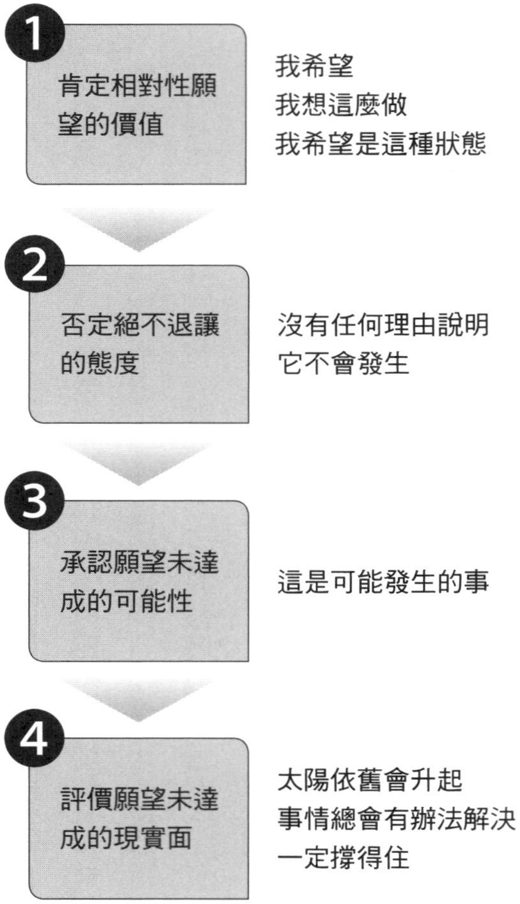

1 肯定相對性願望的價值	我希望 我想這麼做 我希望是這種狀態
2 否定絕不退讓的態度	沒有任何理由說明 它不會發生
3 承認願望未達成的可能性	這是可能發生的事
4 評價願望未達成的現實面	太陽依舊會升起 事情總會有辦法解決 一定撐得住

各位可以在心裡模擬：

「我原本就不希望這個問題發生，能不發生不知該有多好。我真的很不希望它發生（**肯定相對性願望的價值**）。

「但是，我找不到任何理由保證這個問題不會發生。若有這種理由，就不會發生這樣的問題。我只是很希望它不要發生而已（**否定絕不退讓的態度**）。

「雖然很不愉快，但是再怎麼強烈的希望也不一定能心想事成。令人遺憾的是，事實擺在眼前，問題已經發生了。雖然心裡苦，但是難過的心情只限於事情發生為止（**承認願望未達成**）。

「狀況當然令人不滿意，問題產生了極大的困擾。但是，狀況並非是難以承受的悲劇，沒必要絕望，只不過是帶來很大的不便，並非世界末日。事情總會有辦法解決，明天太陽依舊會升起。接下來就步步為營、腳踏實的解決問題吧（**評價現實狀況並行動**）。」

接下來，讓我們來看看死腦筋思考如何增加壓力。請各位千萬不要練習這種思考模式：

「這種問題絕不會發生，絕對不可能。原本就不該發生。不可能發生的事情應該是不會發生的，但是卻發生了。真糟糕，完蛋了。沒救了、死定了。到底是誰的錯，世界末日來臨，現在做什麼都太遲了。」

■以「期望思考」選擇適切的負面情緒

如果能把思考根植於相對性的願望，那麼即使發生重大的問題，面對壓力時也能保持平常心。保持平常心絕對不是壓抑感情，也不是無感。問題解決者不是機器人，而是擁有情緒、感情的血肉之軀。

保持平常心的重點是，避開死腦筋思考的態度以及自我毀滅性的情緒，這兩者都會阻礙適切判斷和行動。這些情緒就是前面提到的不安、忿怒及沮喪。如何透過良好思考，從中選出擔心、不愉快、悲傷等適切的負面情緒非常重要，因為這些情緒容易與解決問題的積極行動產生連結。

好的負面情緒可以對行動造成正面影響。例如，將不愉快的心情投注在忍耐和談判上，將擔憂的心情投注在事前準備上，將悲傷的心情投注在分工合作上。這些情緒能與解決問題的行動產生正面的連結。

總而言之，我們除了要學會解決問題的技巧之外，最重要的是訓練如何保持平常心，因為有平常心為基礎，才能讓你面對問題時發揮百分之百的力量。

後記

解決問題的能力，決定你的待遇

■上班族得到高薪的核心技能

長久以來，解決問題的技術就備受重視。同時，勝者為王、敗者為寇的趨勢越來越明顯，未來無論在哪一種行業，都必須擁有更精進的技術。因為，經營環境時時刻刻在改變，員工被要求要在短時間內展現成果。

結果，表現較差的員工隨時會被解雇。而且，現今很難光靠直覺和經驗，就能把工作做好。而憑藉人際關係就能保住工作的時代，更是已經遠去。

過去，有人說日本的強項就是所得差距小。但是，現今社會朝著「年薪三億日圓、三千萬日圓、三百萬日圓、失業者」這樣的區分發展。在經濟高度成長的時代，人們老掛在嘴上的「上班族很輕鬆」這句話，已成為「昨日黃花」。而**收入多**

寡的決定性因素，就是解決問題的能力。

■分析力是解決問題必要技術

當然，設定課題也很重要，但是在解決問題的過程中，最不可或缺的能力是分析技術。無論多麼熟稔解決問題的步驟，要是缺乏分析力，你的課題設定、解決方案、實行計畫始終只會流於表面，難以解決本質性的問題。

到底什麼是「分析」？簡單來說，就是區分狀態與現象。分析的「析」字，意指拿斧頭砍樹，而且不只是區分，還要剖開來。**所謂的分析，就是將混沌的現實區分成有意義的群集後，闡明其相互關係的一種腦力作業**。這種作業要求一定水準的技術和鍥而不捨的精神。

本書將分析力定位為：所有的解決問題技術當中最重要的要素。因此，特地將腳本設定與分析工具分開說明。

有解決問題的技術，專業才得以發揮

在資訊氾濫的今天，不能因為熟記大量專門領域的資料，就覺得自己的職涯穩如泰山。各式各樣難以計數的問題，像是如何應對顧客的申訴、如何迅速回收帳款、如何預防代理商倒戈、如何鼓勵部下、如何說服上司、如何重整海外事業、如何應對投資人、如何進行企業併購、如何跨入新市場，雖然嚴重性各有不同，但總是有待我們去解決。**唯有掌握了解決問題的技術，當面對大量的資訊時，專業知識才派得上用場。**

能解決問題的人，永遠不會供給過剩

在這個問題無窮盡、大家都渴望解答的時代，問題解決者不會有供給過剩的問題。現今，技術進步的腳步不曾歇止，而且資訊氾濫。隨時都要提醒自己，好不容易記得的資訊和資料，或是花費大量時間學會的專門技術，還有直覺、經驗等，會不會過時了。

但是，**只要你具備分析與解決問題的能力，就完全不用擔心技能過時的問題。**

相反的，當資訊越氾濫，技術進步得越快時，解決問題的渴求也會持續增加。

這些背景一再顯示出，問題解決技術已成為商務人士的核心技能。同時，從職涯規畫的觀點來看，這也是十分值得的投資。希望本書能在提升職涯競爭力方面，為各位略盡棉薄之力。

國家圖書館出版品預行編目（CIP）資料

麥肯錫問題分析與解決技巧：為什麼他們問完問題，答案就跟著出現了？／高杉尚孝著；鄭舜瓏譯 -- 二版 -- 臺北市：大是文化，2019.02
352 面；14.8×21 公分 . --（Think ; 174）
譯自：問題解決のセオリー
ISBN 978-957-9164-69-6（平裝）

1. 企業管理　2. 思考

494.1　　107018321

Think 174

麥肯錫問題分析與解決技巧
為什麼他們問完問題，答案就跟著出現了？

作　　者／高杉尚孝
譯　　者／鄭舜瓏
校對編輯／陳竑悳
副總編輯／顏惠君
總 編 輯／吳依瑋
發 行 人／徐仲秋
會　　計／許鳳雪、陳嬋娟
行銷企劃／徐千晴、周以婷
版權經理／郝麗珍
業務助理／王德渝
業務專員／馬絮盈、留婉茹
業務經理／林裕安
總 經 理／陳絜吾

出 版 者／大是文化有限公司
臺北市衡陽路 7 號 8 樓
編輯部電話：（02）23757911
購書相關資訊請洽：（02）23757911 分機 122
24 小時讀者服務傳真：（02）23756999
讀者服務 E-mail: haom@ms28.hinet.net
郵政劃撥帳號 19983366　戶名／大是文化有限公司

法律顧問／永然聯合法律事務所
香港發行／豐達出版發行有限公司 “Rich Publishing & Distribution Ltd”
地址：香港柴灣永泰道 70 號柴灣工業城第 2 期 1805 室
Unit 1805, Ph. 2, Chai Wan Ind City, 70 Wing Tai Rd, Chai Wan, Hong Kong
電話：21726513
傳真：21724355
E-mail：cary@subseasy.com.hk

封面設計／林雯瑛
內頁排版／邱介惠
印　　刷／鴻霖傳媒印刷股份有限公司
出版日期／2013年3月初版
定　　價／新臺幣 399 元
ISBN　978-957-9164-69-6